高效养殖关键技术图说系列

图说稻田养小龙虾关键技术

羊　茜　占家智　编著

金盾出版社

内 容 提 要

本书由安徽省天长市渔业局高级工程师羊茜,占家智编写。内容包括:概述、稻田养小龙虾工程建设和管理,小龙虾的饲料与投喂,稻田虾沟内水草与栽培技术,小龙虾的繁殖技术,稻田幼虾培育,稻田成虾养殖,小龙虾的病害防治等。本书用图片反映了稻田养殖小龙虾的关键技术环节,文字通俗易懂,生产指导性强,适合小龙虾养殖户和农业院校师生阅读参考。

图书在版编目(CIP)数据

图说稻田养小龙虾关键技术/羊茜,占家智编著.—北京:金盾出版社,2010.3(2018.2 重印)
(高效养殖关键技术图说系列)
ISBN 978-7-5082-6183-6

Ⅰ.①图…　Ⅱ.①羊…②占…　Ⅲ.①稻田--龙虾科—淡水养殖—图解　Ⅳ.①S966.12-64

中国版本图书馆 CIP 数据核字(2010)第 003483 号

金盾出版社出版、总发行

北京市太平路 5 号(地铁万寿路站往南)
邮政编码:100036　电话:68214039　83219215
传真:68276683　网址:www.jdcbs.cn
彩色印刷:北京军迪印刷有限责任公司
正文印刷:北京万友印刷有限公司
装订:北京万友印刷有限公司
各地新华书店经销
开本:787×1092 1/32　印张:4.125　彩页:40　字数:75 千字
2018 年 2 月第 1 版第 6 次印刷
印数:24 001～28 000 册　定价:15.00 元
(凡购买金盾出版社的图书,如有缺页、
倒页、脱页者,本社发行部负责调换)

前　言

　　小龙虾,过去由于它具有极强的掘洞能力而被列为有害生物,不断遭到人为清除,随着社会的发展、人们生活条件的不断改善、饮食口味的不断提高,人们对小龙虾的重新认识以及对其食用功能不断开发,尤其是江苏省盱眙县每年一次的小龙虾节(现已经升格为国际小龙虾节),使人们对小龙虾产生了浓厚的兴趣,它以可食部分较多、肉质细嫩、味道鲜美、营养价值高、蛋白质含量高的优点而逐渐被大家所接受,目前已经成为我国的优良淡水养殖新品种,在市场上备受消费者青睐,是近年最热门的养殖品种之一。

备受追捧的小龙虾

　　由于小龙虾的自然资源日趋减少,市场需求量大,人工养殖前景广阔,现在许多地方开发了多种多样的卓有成效的养殖方式，其中稻田养殖小龙虾是最成功的一种养殖模式，为了方便广大农民朋友快速、方便、直观地掌握小龙虾的稻田养殖技术，我们在查阅大量的国内外最新资料的基础上编写成了这本书，重点探索了稻田养殖小龙虾最新的技术和关注要点，农民朋友可以按图索骥，更好地了解小龙虾的养殖技巧。

稻田养殖小龙虾

本书重点是解决在生产实践中的问题，虽然文字不多，但图片众多，有的放矢，形象生动，因此具有极强的生产指导意义。

羊 茜

目　录

第一章 概 述

一、小龙虾的概况

(一)小龙虾的渊源

小龙虾[*Procambarus Clarkii(Cirard)*],又称克氏螯虾,学名叫克氏原螯虾,在分类学上属于节肢动物门、甲壳纲、十足目、爬行亚目、蝲蛄科、原螯虾属。其形态与海水龙虾相似,故称为龙虾,又因其个体比海水龙虾小而称为小龙虾(图1-1,图1-2)。

图1-1 健壮的小龙虾

图1-2 海水龙虾

小龙虾在淡水螯虾类中属中、小型个体,原产于北美,根据研究,美国是小龙虾的主要故乡,加拿大和墨西哥等地也是它的故乡之一,尤其是美国路易斯安那州是小龙虾主要的产区,这个州已经把小龙虾的养殖当作农业生产的主要组成部分,并把虾仁等小龙虾制品输送到世界各地。

淡水小龙虾在我国的发展是有一个过程的,它并不是直接从美国传入我国,而是先从美国引入日本,1918年左右再从日本传入我国,先在江苏的南京、安徽的滁州、当涂一带生长繁殖。20世纪50年代,在我国还不多见,20世纪80年代,我国水产专家开始关注淡水小龙虾,华中农业大学的魏青山教授开始做这方面的基础研究,张世萍教授也在90年代开始涉足这方面的研究,与此同时,澳大利亚的红螯虾(俗称淡水龙虾,图1-3)也开始被引进我国并做了一些基础性研究,尤其是华中农业大学的陈孝煊教授和吴志新教授做了大量的工作,取得了非常宝贵的第一手资料。

图1-3　澳大利亚红螯虾

淡水小龙虾目前已经由"外来户"变为"本地居民",成为我国主要的甲壳类经济水生动物之一,它的受欢迎程度和市场经济价值直逼我国特产的中华绒螯蟹,长江南北都能见到它的踪迹,特别是江淮一带气候宜人,水网众多,已经成为淡水小龙虾的主要产区。到2006年,我国不仅成为世界淡水小龙虾的产量大国,也成为世界淡水小龙虾的出口大国。

2000年后,我国先后有安徽、江苏、上海、湖北等省开展了淡水小龙虾的人工繁殖工作,例如湖北省水产科学研究所在2005年取得室外规模化人工繁殖的突破,繁殖淡水小龙虾苗近100万尾,安徽省滁州地区于2007年取得了66余公顷连片稻田轮作示范区每667平方米产量100千克的成绩。

小龙虾的种类繁多，根据目前掌握的资料，除了小龙虾和澳大利亚红螯虾外，其他的小龙虾具有养殖效益的主要有宽大太平螯虾(图1-4)、蓝魔虾(图1-5)和棘螯虾(图1-6)等。

图1-4　宽大太平螯虾

图1-5　蓝魔虾

图1-6　棘螯虾

(二)小龙虾的市场展望

小龙虾在国内有巨大的市场，也是主要的出口水产品之一，这主要缘于小龙虾的经济价值高。

一是食用，淡水小龙虾肉质鲜美，营养丰富，可食部分较多，是人们喜爱的一种水产食品，目前它的食用已经风靡全国，干虾中蛋白质占50%以上，其中氨基酸占77.2%，脂肪仅含0.29%，是健康食品。我国江苏省盱眙县每年兴办的"龙虾节"闻名中外，其代表作品是"十三香龙虾"。

二是饲料原料，淡水小龙虾除去甲壳后，它的身体其他部分是许多鱼类和经济水产动物重要的饵料来源。

三是工业价值，根据资料表明，从淡水小龙虾的甲壳中提取的"虾青素"、"虾红素"、"甲壳素"、几丁质、鞣酸及其衍生物被广泛应用于食品、医药、饮料、农业和环保等方面。

四是出口创汇，10年前，由于小龙虾的整虾食用开发较缓慢，它的利用价值主要是体现在出口创汇上，尤其是虾仁部分，经冷冻或速冻后被出口到日本、美国等市场，深受欢迎，近年来，又开发了虾黄、尾肉及整条虾出口创汇项目。

（三）淡水小龙虾养殖模式的探索

1978年美国国家研究委员会强调发展淡水小龙虾的养殖，认为养殖淡水小龙虾有成本低，技术易于普及，龙虾摄食池塘中的有机碎屑和水生植物，无须投喂特殊的饵料，龙虾生长快、产量高等诸多优点。因此可以说淡水小龙虾是非常重要的水产资源，人们对它的利用也做了不少的研究，例如美国探索了"稻–虾"、"稻–虾–豆"、"虾–鱼"、"虾–牛蛙"等混养轮作。最初的养殖方式是粗放养殖、混养，后来发展到各种形式的强化养殖。欧洲进一步探索了"龙虾–沼虾–龙虾"的轮作，澳大利亚探索了强化人工养殖模式等。我国科研工作者结合生产实践也开发并推广了一些卓有成效的养殖模式，主要是"稻–虾"的轮作、套作和兼作，"虾–鱼"的混养，"虾–水生经济植物"的轮作，龙虾的池塘养殖，龙虾的湖泊增养殖等多种模式。

二、小龙虾的生物学特性

（一）形态特征

1. 外部形态　淡水小龙虾的体表具有坚硬的甲壳，俗称虾壳，身体由头胸部和腹部共20节组成，其中头部5节，胸部8节，腹部7节。见图1-7和图1-8。

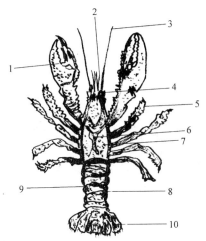

1. 大螯　2. 小触角　3. 大触角　4. 额剑

5. 胸足　6. 肝脏　7. 头胸甲　8. 游泳足

9. 腹部　10. 尾扇

图 1-7　小龙虾外部特征示意图(背面观)

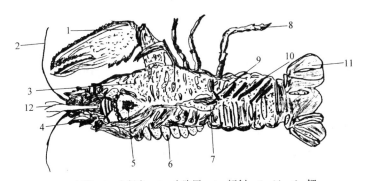

1. 大螯　2. 大触角　3. 头胸甲　4. 额剑　5. 口　6. 鳃

7. 输精管　8. 胸足　9. 交接棒　10. 游泳足　11. 尾扇　12. 小触角

图 1-8　小龙虾外部特征示意图(腹面观)

2. 内部结构　　淡水小龙虾身体内部分为消化系统、呼吸系统、循环系统、排泄系统、神经系统、繁殖系统、肌肉运动系统、内分泌系统等8大部分。见图1-9。

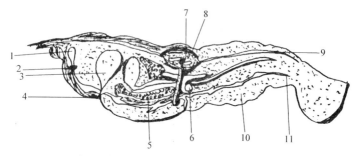

1. 脑　2. 绿腺　3. 胃　4. 口　5. 卵巢　6. 储精囊
7. 心脏　8. 心包腔　9. 背动脉　10. 腹部　11. 肛门

图1-9　小龙虾内部结构示意图

（二）生 活 习 性

1. 栖息习性　　在自然情况下,小龙虾喜温怕光,为夜行性动物,营底栖爬行生活,有明显的昼夜垂直移动现象,但是在人工养殖时,由于小龙虾的养殖密度大,食物饵料丰富,它们有时在白天也会出来摄食。

从调查情况看,小龙虾对水体要求较宽,对水体的富营养化及低氧也有较强的适应性。另外小龙虾喜欢水位较为稳定的水体,因此我们在稻田中养殖小龙虾时,除了必要的水位调节外,尽可能保持稻田水位的长期稳定。

小龙虾喜爱腐殖质较多的土质栖息,栖息的地点常有季节性移动现象,春天多在浅水处活动(图1-10),而在盛夏水温较高时就向深水处移动,冬季在洞穴中越冬。

2. 迁徙习性 小龙虾有较强的攀缘能力、逆水游泳能力和迁徙能力，在稻田中缺少饵料、受农药或化肥污染及其他生物、理化因子发生骤然变化而不适的情况下，常常爬出稻田向外活动，因此在小龙

图 1-10　浅水处的水草是小龙虾
最好的生活场所

虾放养前就要做好防逃设施的安装工作，在汛期和雨季要加强巡田工作，减少因迁徙而造成的逃虾事故。

3. 掘穴习性 小龙虾掘穴用于藏匿，小龙虾的蜕壳生长期和繁殖期、越冬期在洞穴中进行。

我们对小龙虾稻田养殖的观察，发现小龙虾掘洞能力较强，在没有水草、石块、杂物、网片及现有洞穴可供躲藏的稻田中，小龙虾会在 24 小时内在靠近水位线的田埂上下挖洞穴居用于隐藏。

洞穴的深浅、走向与稻田水位的波动、田埂的土质及该虾的生活周期有关。在水位升降幅度较大的稻田中（例如过勤施药或烤田而不断地升降水位）和虾的繁殖期，所掘洞穴较深；在水位稳定的稻田和虾的越冬期，所掘洞穴较浅；在 5 月左右的生长期，只要虾沟和环形沟内的水草资源丰富，小龙虾基本不掘洞。

调查还发现横向平面走向的小龙虾洞穴才有超过 1 米以上深度的可能，而垂直纵深向下的洞穴一般都比较浅。因此稻田的田埂必须加宽加固，防止外逃。

4. 生存环境　小龙虾在 pH 为 5.8~8.2，温度为-15℃~40℃，溶氧量不低于 1.5 毫克/升的水体中都能生存，最适宜小龙虾生长的水体 pH 为 7.5~8.2，溶氧量为 3 毫克/升，水温为 20℃~30℃，水体透明度在 20~25 厘米。

5. 防御习性　小龙虾受到惊扰或遭受敌害侵袭时，便立即举起两只大螯摆出格斗的架势，同时利用其他的附肢迅速倒退，以便快速脱离危险。如果不能脱离危险时，它便会用那对大螯自卫，向对方狂舞乱摆，一旦钳住对方后就不轻易放松，放到水中才会松开(图 1-11)。

图 1-11　当受惊或遭受敌害侵袭时，便举起两只大螯摆出格斗的架势

6. 强烈的攻击行为　小龙虾的攻击性相当强，在争夺领地、抢占食物、竞争配偶时，这种攻击性更加明显(图 1-12)，会导致个体的死亡、减缓种群扩散和导致生殖功能障碍等，因此在人工养殖过程中应增加隐蔽物，增加环境复杂度，减少淡水螯虾直接接触发生争斗的机会。

7. 领地行为明显　小龙虾与河蟹一样具有强烈的领地行为，这种领地的表现形式就是掘洞，在洞穴内是不能容忍同类尤其是同一性

图 1-12　狭路相逢勇者胜

别的小龙虾共处的,但生殖交配和抱卵时允许异性进入。因此在稻田养殖小龙虾时,一定要提供水草等隐蔽物或提供适宜的打洞环境,尽可能满足其领地习性,减少互相争斗和残杀的机会。

8. 趋水习性 小龙虾喜欢新水、活水,在进排水口有活水进入时,它们会成群结队地溯水逃跑。在下雨时,由于受到新水的刺激,加上攀爬能力强,它们会集群顺着雨水流入的方向爬到岸边。所以在汛期时,稻田一定要做好水田的防逃工作,在进排水口也要有防逃措施。

9. 耐低氧习性 小龙虾利用空气中氧气的能力很强,有其他虾类不具备的本领,一般水体溶氧保持在3毫克/升以上,即可满足其生长所需。当水体溶氧不足时,该虾常攀缘到水体表层呼吸或借助于水体中的杂草、树枝、石块等物,将身体偏转使一侧鳃腔处于水体表面呼吸(图1-13),在水体缺氧的环境下它爬上岸呼吸空气中的氧气。在阴暗、潮湿的条件下,可离开水体成活1周以上。因此,可以采用干法运输或长途运输,也可以暂养待价而沽。

10. 温度忍受力强 小龙虾温度适应范围为0℃~37℃,在长江流域,冬天晚上将其带水置于室外,被冰冻住仍能成活,最适温度范围为18℃~31℃。受精卵孵

图1-13 当水草过于茂密导致可能缺氧时,小龙虾会爬到岸边侧着呼吸

化和幼体发育水温在24℃~28℃为好。在稻田养殖时可以利用稻田和虾沟内的水草,在盛夏时节为小龙虾遮荫避暑,促进生长。

11. 对农药反应敏感 小龙虾对重金属、某些农药如敌百虫、菊酯类杀虫剂非常敏感,因此养殖水体应符合国家颁布的渔业水质标准和无公害食品淡水水质标准。如用地下水养殖小龙虾,必须先对水质检测。在发展稻田养殖小龙虾时,一定要注意不要施用敌百虫、敌杀死等农药,最好采用灯光诱虫或其他生物方法除虫。

12. 食性与摄食 魏青山教授(1985)研究结果表明小龙虾植物性饵料成分占98%,主要食用高等水生植物及丝状藻类,动物类食物则以小鱼、小虾为主。在自然界中,浮游生物、底栖生物、有机碎屑及各种谷物、饼粕类、蔬菜、陆生牧草、水体中的水生植物、着生藻类等都可以作为小龙虾的食物,但是在人工养殖时,小龙虾特别喜食人工配合饲料和屠宰下脚料。

小龙虾在不同的生长阶段食性有区别,刚从抱卵亲虾腹部孵化出来的幼体以卵黄囊为主要营养来源,第一次蜕壳后开始摄食浮游植物及小型枝角类幼体、轮虫等,以后慢慢摄食各种饵料。

小龙虾具有较强的耐饥饿能力,一般能耐饿3~5天;秋冬季节20~30天不进食也不会饿死。摄食的最适温度为25℃~30℃;水温低于15℃以下活动减弱;水温低于10℃或超过35℃摄食明显减少;水温在8℃以下时,进入越冬期,停止摄食。

小龙虾不仅摄食能力强,而且有贪食、争食的习性。在养殖密度大或者投饵量不足的情况下,它们之间会自相残杀,尤其是蜕壳期的软壳虾和幼虾常常被成年小龙虾所捕食。

人工养殖时,小龙虾喜欢吃的饵料主要有红虫、黄粉虫、水花生、眼子菜、鱼肉等。

13. 蜕皮与蜕壳行为 小龙虾体表为很坚硬的几丁质外骨骼,必须通过蜕掉体表的甲壳才能完成其突变性生长,在它的一生中,每蜕一次壳就能得到一次较大幅度的增长。所以,正常的蜕壳意味着生长的持续进行。

小龙虾的蜕壳与水温、营养及个体发育密切相关。幼体一般 4~6 天蜕壳 1 次,离开母体进入开放水体的幼虾每 5~8 天蜕壳 1 次,后期幼虾的蜕壳间隔一般 8~20 天。水温高,食物充足,发育阶段早,则蜕壳间隔短。从幼体到性成熟,小龙虾要进行 11 次以上的蜕壳。其中蚤状幼体阶段蜕壳 2 次,幼虾阶段蜕壳 9 次以上。

小龙虾的蜕壳时间大多在夜晚,人工养殖时,白天也可见蜕壳现象。蜕壳持续时间约几分钟至十几分钟不等,时间过长则小龙虾易死亡。新的壳体于 12~24 小时后皮质层变硬、变厚,成为甲壳。小龙虾的蜕壳阶段是引发死亡的危险期,因此养殖时在虾沟或田间沟内多栽水草或将稻桩留得高一点是一个不错的方法。

14. 生长 从稚虾长到成虾,要经过多次蜕壳。离开母体的幼虾在 20℃~32℃条件下,很快第一次蜕壳,每一次蜕壳后生长速度明显加快。在水温适宜、饲料充足的情况下,一般 60~90 天内长到体长 8~12 厘米,体重 15~20 克,最大可达 30 克以上的商品规格。

15. 寿命与生活史 小龙虾雄虾的寿命一般为 20 个月左右,雌虾的寿命为 24 个月左右。

小龙虾的生活史并不复杂,雌雄亲虾交配后分别产生卵子和精子,并受精成为受精卵,雌虾进入洞穴到一定时间后,离开洞穴,排放幼虾,离开母体保护的幼虾经过数次的蜕壳后就可以上市了,还有部分成虾则继续发育为亲虾,完成下一个生殖轮回(见图1-14)。

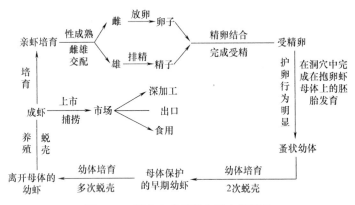

图1-14 淡水小龙虾的生活史及培育

16. 捕获季节 每年4~9月份都可以捕捞小龙虾,其中4月初到5月上旬主要以捕捞上一年的抱卵孵化后的亲虾为主;5月中旬到8月份则是小龙虾体型最为"丰满"的时候,这时候的小龙虾壳硬肉厚,也是人们捕捞和享用它的最佳时机;从8月下旬到9月份,主要是捕捞亲虾以供来年繁殖所用。

第二章 稻田养殖小龙虾 工程建设和管理

小龙虾稻田养殖每 667 平方米养殖效益可达 1 000 元左右,养殖小龙虾具有成本低、销路广、收益快等优点。

稻田高效养殖小龙虾示意图见图 2-1。

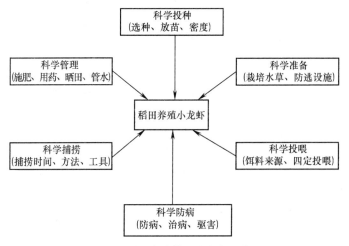

图 2-1 稻田高效养殖小龙虾示意图

稻田养殖小龙虾,是利用稻田的浅水环境,辅以人为措施,既种稻又养虾,以提高稻田单位面积效益的一种生产形式。

稻田养殖小龙虾共生原理的内涵就是以废补缺、互利共生、化害为利,以"稻田养虾,虾养稻"。

稻田养殖小龙虾各生物间的物质循环示意图见图 2-2。

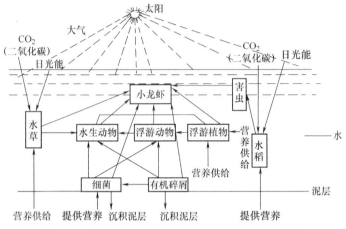

图 2-2　稻田养殖小龙虾各生物间的物质循环示意图

　　稻田养殖小龙虾技术将养殖、种植有机结合,实现了稻虾双丰收;稻田浅水适宜的温度和充足的溶氧量使虾病减少;稻田附近的蚊虫减少,改善环境卫生等,是一种推广范围较广的成功养殖模式。

　　稻田养殖小龙虾的必备条件是:适宜的水温、充足的光照、充足的水源、充分的溶氧、丰富的天然饵料。

　　稻田养殖小龙虾的田间工程建设至关重要,根据笔者参与的一些稻田养殖龙虾的项目研究表明,小龙虾养殖稻田的田间工程主要包括稻田各养殖或种植区域的合理布局,虾沟(包括环形沟和田间沟)的开挖,田埂加高、加宽与加固,有效的防逃设施等。

　　稻田养殖小龙虾的田间工程见图 2-3。

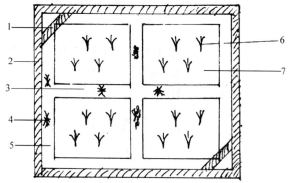

1. 田块对角的漂浮植物　2. 田埂及防逃设施　3. 田间沟
4. 沟内的水草　5. 环形沟　6. 水稻　7. 田块

图2-3　稻田养殖小龙虾的田间工程

一、稻田的选择与合理布局

养虾稻田要求一定的环境条件。一般的环境条件要求有以下几个。

(一)水　源

水源要充足,水质良好,周围没有污染源的稻田;田埂要求比较厚实,一般比稻田平面高出 0.5~1 米,埂面宽 2 米左右,并敲打结实,堵塞漏洞,以防止逃虾和提高蓄水能力。田面平整,稻田周围没有高大树木,桥涵闸站配套,通水、通电、通路。雨季水多不漫田、旱季水少不干涸、排灌方便、无有毒污水和低温冷浸水流入,水质良好,农田水利工程设施要配套,有一定的灌排条件。

(二)土　质

土质要肥沃,由于黏性土壤的保肥力强,保水力也强,渗漏性小,因此这种稻田是可以用来养虾的。而矿质土壤、盐碱土以及渗水漏水、土质瘠薄的稻田均不宜养小龙虾。

(三)合理布局

养殖稻田面积根据具体条件而定,要便于管理和投喂,对养殖稻田合理布局。养殖面积略小的稻田,只需在四周开挖环形沟,水草要参差不齐、错落有致,以沉水植物为主,兼顾漂浮植物。

养殖面积较大的田块,设立不同的功能区,通常在稻田四个角落设立漂浮植物暂养区,环形沟种植沉水植物和部分挺水植物,田间沟则全部种植沉水植物。

二、开挖虾沟

稻田水位较浅,夏季高温对小龙虾的影响较大,因此必须在稻田田埂内侧四周开挖环形沟和虾溜。在保证水稻不减产的前提下,应尽可能地扩大虾沟和虾溜面积。虾沟、虾溜的开挖面积一般不超过稻田的8%。面积较大的稻田,应开挖"田"字、"川"字或"井"字形田间沟,但面积宜控制在12%左右。环形沟距田埂1.5米左右,上口宽3米,下口宽0.8米;田间沟沟宽1.5米, 深0.5~0.8米。虾沟既可防止水田干涸和作为烤稻田、施追肥、喷农药时小龙虾的退避处,也是夏季高温时小龙虾栖息隐蔽遮荫的场所。

虾沟的位置、形状、数量、大小应根据稻田的地形和面积来确定。一般来说,面积比较小的稻田,只需在田头四周开挖虾沟即可;面积比较大的稻田,可每隔50米左右在稻田中央多开挖几条虾沟,周边沟较宽些(图 2-4),田中沟可以窄些(图 2-5)。

图 2-4 这样的周边沟是必要的

图 2-5 稻田中间的虾沟是必不可少的

虾沟示意图见图 2-6。

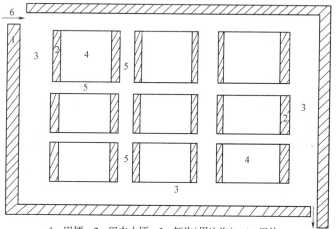

1. 田埂 2. 田中小埂 3. 虾沟(周边沟) 4. 田块
5. 虾沟(田中沟) 6. 进水口 7. 排水口

图 2-6 虾沟示意图

三、加高加固田埂

为了保证稻田达到一定的水位,防止田埂渗漏,增加小龙虾活动的立体空间,有利于提高小龙虾的产量,必须加高、加宽、加固田埂(图2-7)。可将开挖环形沟的泥土垒在田埂上夯实,田埂加固时须层层夯实,确保田埂高1~1.2米,上宽2米,做到不裂、不漏、不垮,以防雷阵雨、暴风雨和满水时不会崩塌跑虾。如果条件许可,可以在防逃网的内侧种植一些黑麦草、南瓜、黄豆等,既可以为周边沟遮阳,又可以利用其根系达到护坡的目的。

为了给小龙虾的生长提供更多的空间,实践证明,在田中央开挖虾沟的同时,多修建几条田间小埂(图2-8),给小龙虾提供更多的挖洞场所。

图2-7 田埂要加固

图2-8 稻田中的田间埂

四、防逃设施要到位

稻田养殖小龙虾进行高密度养殖,可取得高产量和高效益,必须在田埂上建设防逃设施。

防逃设施常用的有两种,一是安插高55厘米的硬质钙塑板作为防逃板(图2-9),埋入田埂泥土中约15厘米,每隔75~100厘米处用一木桩固定,注意四角应做成弧形,防止小龙虾沿夹角攀爬外逃;第二种是采用麻布网片或尼龙网片或有机纱窗和硬质塑料薄膜共同防逃,在易涝的低洼稻田主要以这种方式防逃。方法是选取长度为1.5~1.8米的木桩或毛竹,削掉毛刺,一端削成锥形或锯成斜口,沿田埂将桩打入土中50~60厘米,桩间距3米左右,并使桩与桩之间呈直线排列,田块拐角处呈圆弧形(图2-10)。然后用高1.2~1.5米的密网牢固在桩上,围在稻田四周,在网上内面距顶端10厘米处缝上一条宽25~30厘米的硬质塑料薄膜即可。防逃膜不应有褶,接头处光滑且不留缝隙。

图2-9　用钙塑板做成的防逃设施

图2-10　防逃网四角建成弧形

另外要防止小龙虾从进出水口逃逸,因此在修筑进出水口时,进水渠道建在田埂上,排水口建在虾沟的最低处,按照高灌低排的格局,保证灌得进、排得出,定期对进、排水总渠进行整修。稻田开设的进排水口用铁丝网或双层密网防逃,也可用栅栏围住,既可防止小龙虾在进水或者下大雨的时候顶水外逃,同时也能有效地防止蛙卵、野杂鱼卵及幼体进入稻田危害蜕壳虾;同时为了防止夏天雨季冲毁堤埂,稻田应开施一个溢水口,溢水口也用双层密网过滤,防止小龙虾乘机逃走。稻田养殖小龙虾防逃示意图见图 2-11。

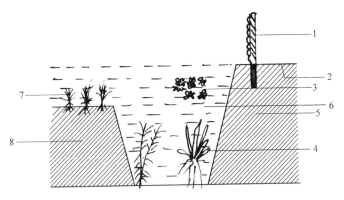

1. 防逃设施　2. 田埂　3. 虾沟内的漂浮水草　4. 虾沟内的沉水水草和挺水水草
5. 稻根深度　6. 环形沟　7. 水稻　8. 栽水稻的稻田土

图 2-11　稻田养殖小龙虾防逃示意图

为了检验防逃设施的可靠性,建议在规模化养殖的连片养虾田外侧修建一条田头沟或防逃沟,可以在沟内长年用地笼捕捞小龙虾,因此它既是进水渠,又是检验防逃效果的一道屏障。

五、水稻田管理

(一)水稻品种选择

养虾稻田一般只种一季稻,水稻品种要选择叶片开张角度小,抗病虫害、抗倒伏且耐肥性强的紧穗型品种,目前常用的品种有汕优系列、协优系列等。

(二)秧苗移植

秧苗一般在 5 月下旬开始移植,采取条栽与边行密植相结合、浅水栽插的方法,养虾稻田宜提早 10 天左右栽插(图 2-12)。为了减少栽秧时对小龙虾的侵扰,建议采用抛秧法,同时要充分发挥宽行稀植和边坡优势的技术,移植密度为 30 厘米×15 厘米为宜,确保小龙虾生活环境通风、透气性能好(图 2-13)。

图 2-12　正在栽秧苗

图 2-13　插好的秧田

(三)科学施肥

养虾稻田一般以基肥和腐熟的农家肥为主,每667平方米可施农家肥300千克,尿素20千克,过磷酸钙20~25千克,硫酸钾5千克。放虾后一般不施追肥,以免降低田中水体溶解氧,影响小龙虾的正常生长。如果发现脱肥,可少量追施尿素,每667平方米不超过5千克。

施肥的方法是:先排浅田水,让虾集中到虾沟中再施肥,有助于肥料迅速沉积于底泥中并被田泥和禾苗吸收,随即加深田水到正常深度;也可采取少量多次、分片撒肥或根外施肥的方法。禁用对小龙虾有害的化肥如氨水和碳酸氢铵等。追肥用经发酵的有机粪肥,效果更好,施肥量为每667平方米15~20千克。

(四)科学施药

稻田养虾能有效地抑制杂草的生长,降低病虫害的发生率,同时也要求尽量减少除草剂及农药的施用。小龙虾入田后,若再发生草荒,可人工拔除。如果确因稻田病害或虾病严重需要用药时,应掌握以下施药原则:①科学诊断,对症下药。②选择高效低毒低残留农药。③由于小龙虾是甲壳类动物,也是无血动物,对含磷药物、菊酯类、拟菊酯类药物特别敏感,因此慎用敌百虫、甲胺磷等药物,禁用敌杀死等药。④喷洒农药时,一般应加深田水,降低药物浓度,减少药害。也可先降低田水至虾沟以下水位时再用药,待8小时后立即上水至正常水位。⑤粉剂药物应在早晨露水未干时喷施,水剂和乳剂药应在下午喷洒。⑥降水速度要缓,等虾爬进虾沟后再施药。⑦可采取分片分批的用药方法,即先施稻田一半,过两天再施另一半,同时尽量避免农药直接落入水中,保证小龙虾的安全。

(五)科学晒田

水稻在生长发育过程中的需水情况是在变化的,与养虾需水情况相矛盾。田间水量多,水层保持时间长,对虾的生长有利,但对水稻生长却不利。农谚对水稻的总结是"浅水栽秧、深水活棵、薄水分蘖、脱水晒田、复水长粗、厚水抽穗、湿润灌浆、干干湿湿"。有经验的老农常常会采用晒田的方法来抑制无效分蘖,这时的水位很浅,对养殖小龙虾非常不利,因此要做好稻田的水位调控工作是非常有必要的。生产实践中笔者总结了一条经验"平时水沿堤,晒田水位低,沟溜起作用,晒田不伤虾"。晒田前,要清理虾沟虾溜,严防阻隔与淤塞。晒田总的要求是轻晒或短期晒(图 2-14)。晒田时,沟内水深保持在只低于秧田表面 15 厘米就可以,确保田块中间不陷脚,田边表土不裂缝和发白,以见水稻浮根泛白为适度。晒好田后,及时恢复原水位。

图 2-14 晒田期的水稻

（六）病害预防

小龙虾稻田养殖全过程,应始终坚持预防为主,治疗为辅的原则。预防方法主要有干塘清淤和消毒,种植水草和移植螺蚬,苗种检疫和消毒,调控水质和改善底质。

常见的敌害有水蛇、青蛙、蟾蜍、水蜈蚣、老鼠、黄鳝、泥鳅、鸟等,应及时采取有效措施驱逐或诱灭。在放虾初期,稻株茎叶不茂,田间水面空隙较大,此时虾个体也较小,活动能力弱,逃避敌害的能力较差,容易被敌害侵袭。小龙虾在蜕壳期最容易成为敌害的适口饵料。而到了收获时期,由于田水排浅,虾有可能到处爬行,易被鸟、兽捕食。对此,要加强田间管理,并及时驱捕敌害,有条件的可在田边设置一些彩条或稻草人驱赶水鸟。另外,当虾放养后,还要禁止家养鸭子下田沟,避免损失。

小龙虾的疾病目前发现很少,但也不可掉以轻心,目前发现的主要是纤毛虫的寄生。因此要抓好定期预防消毒工作。放苗前,稻田要严格消毒,放养虾种时用 5%食盐水浴洗 5 分钟,严防病原体带入田内;采用生态防治方法,严格落实"以防为主、防重于治"的原则。每隔 15 天用生石灰 10~15 千克/677 米² 溶水全虾沟泼洒,不但起到防病治病的目的,还有利于小龙虾的蜕壳。在夏季高温季节,每隔 15 天,在饵料中添加多种维生素、钙片等以增强小龙虾的免疫力。

六、稻田生产与小龙虾养殖流程

见图 2-15。

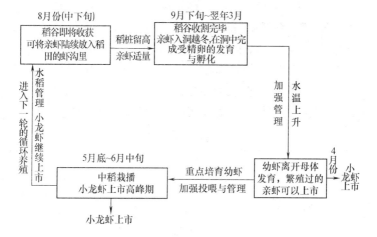

图 2-15　种稻与养虾流程图

第三章　小龙虾的饲料与投喂

　　根据研究表明,小龙虾饵料的种类包括以下几大类。一是植物性饵料,有青糠、麦麸、黄豆、豆饼、小麦、玉米及嫩的青绿饲料,南瓜、山芋、瓜皮等,需煮熟后投喂;二是动物性饵料,有小杂鱼、轧碎螺蛳、河蚌肉等;三是配合饲料。在饲料中必须添加蜕壳素、多种维生素、免疫多糖等,满足小龙虾的蜕壳需要。小龙虾对各种饵料的摄食率(引自:魏青山,1985)见表3-1。

表 3-1　小龙虾对各种饵料的摄食率

饵料种类	名　　称	(%)
植物性饵料	眼子菜	3.2
	竹叶菜	2.6
	水花生	1.1
	苏丹草	0.7
动物性饵料	水蚯蚓	14.8
	鱼　肉	4.9
配合饲料	配合饲料	2.8
	豆　饼	1.2

　　小龙虾食性杂,且比较贪食,喜食动物性饵料,也摄食植物性饲料。为降低养殖成本,饵料投喂时以植物性饵料为主,如新鲜的水草、水花生、空心菜、麦麸、米糠或半腐状的大麦、小麦、蚕豆、水稻等植物秸秆。投放一些动物性饵料,如砸碎的螺蛳、小杂鱼和动物内脏等,小龙虾的生长会更快。饵料充足、营养丰富时,幼虾30~40天就可达到上市规格。

一、植物性饲料

小龙虾是杂食性动物,对植物性饵料比较喜爱,主要有以下几种。

藻类:浮游藻类生活在各种小水坑、池塘、沟渠、稻田、河流、湖泊、水库中,通常使水呈现黄绿色或深绿色,小龙虾对硅藻、金藻和黄藻消化良好,对绿藻、甲藻也能够消化。

丝状藻类俗称青苔,主要指绿藻门中的一些多细胞个体,通常呈深绿色或黄绿色。小龙虾在食物缺乏时,也摄食着生的和漂浮的丝状藻类,如水绵、双星藻和转板藻等。

芜萍:芜萍为椭圆形粒状叶体,没有根和茎,是多年生漂浮植物,生长在小水塘、稻田、藕塘和静水沟渠等水体中。据测定,芜萍中蛋白质、脂肪含量较高,含有维生素 C、B 族维生素以及微量元素钴等。小龙虾喜欢摄食。

小浮萍:为卵圆形叶状体,生有一条很长的细丝状根,也是多年生的漂浮植物(图 3-1),生长在稻田、藕塘和沟渠等静水水体中,可用来喂养小龙虾。

图 3-1　浮萍

四叶萍:又称田字萍,在稻田中生长良好,是小龙虾的食物之一。

槐叶萍:在浅水中生活,尤其喜欢在富饶的稻田中生长,小

图 3-2　槐叶萍

图 3-3　水花生是小龙虾生活的好水草

水浮莲、水花生（图 3-3）、水葫芦、伊乐藻（图 3-4）、菹草等沉水性水草和一些菱角等漂浮性植物以及

图 3-5　黑麦草

龙虾喜食（图 3-2）。

菜叶：饲养中不能把菜叶作为小龙虾的主要饵料，仅适当地投喂菜叶作为补充食料，主要有小白菜叶、菠菜叶和莴苣叶。

图 3-4　伊乐藻

茭白、芦苇等挺水植物都是小龙虾非常喜欢的植物性饵料。

黑麦草（图 3-5）、莴笋、玉米、黄花草、苏丹草等多种旱草，都是小龙虾爱吃的植物性饵料。

其他的植物性饵料还有一些瓜果梨桃以及它们的副产品。

二、动物性饵料

小龙虾常摄食的动物性饵料有水蚤、剑水蚤、轮虫、原虫、水蚯蚓、孑孓以及鱼虾的碎肉、动物内脏、鱼粉、血粉、蛋黄和蚕蛹等。

水蚤、剑水蚤、轮虫等是水体中天然饵料,小龙虾刚从母体孵化出来后,喜欢摄食。人工繁殖小龙虾时,常常人工培育这些活饵料来养殖小龙虾的幼虾。

水蚯蚓通常群集生活在小水坑、稻田、池塘和水沟底层的污泥中,身体呈红色或青灰色,是其适口的优良饵料。

孑孓通常生活在稻田、池塘、水沟和水洼中,尤其春、夏季分布较多,是小龙虾喜食的饵料之一。

蚯蚓种类较多,都可作小龙虾的饵料。

苍蝇及其幼虫——蛆都是小龙虾养殖的好饵料。

螺蚌肉是小龙虾养殖的上佳活饵料,除了人工投放部分螺蚌补充到稻田外,其他的螺蚌在投喂时最好敲碎后投喂。

新鲜的猪血、牛血、鸡血和鸭血等都可以煮熟后晒干,或制成颗粒饲料喂养小龙虾。

小龙虾可直接食用野杂鱼肉和沼虾肉,有时为了提高稻田的水体利用率,可以在虾沟中投放一些鱼苗,一方面为小龙虾提供活饵,另一方面可以提供一龄鱼种,增加收入。

红虫是摇蚊幼虫的别称,营养丰富,小龙虾特别爱吃。

家禽内脏等屠宰下脚料是小龙虾的好饵料。观察发现小龙虾对畜禽的肺和内脏特别爱吃,而对猪皮、油皮等不太爱吃。

三、配合饲料

为保证小龙虾养殖业的持续、高效,光靠天然饵料是不行的,必须发展配合饲料。配合颗粒饲料要求营养成分全面,蛋白质、糖类、脂肪、无机盐和维生素等能满足小龙虾需要。

配合饲料是根据小龙虾的不同生长发育阶段对各种营养物质的需求，将多种原料按一定比例配合，科学加工而成。小龙虾配合饲料均为颗粒饲料，包括软颗粒饲料、硬颗粒饲料和膨化饲料等。

（一）小龙虾饲料配方设计原则

科学合理的饲料配方、饲料原料品质及生产工艺是优质配合饲料的要素。必须对饲料配方进行科学的设计。饲料配方设计必须遵循以下原则。

1. 营养原则

（1）必须以营养需要量为依据 根据小龙虾的生长阶段选择适宜的营养需要量，并结合实际养殖效果确定出日粮的营养浓度，至少要满足能量、蛋白质、钙、磷、食盐、赖氨酸和蛋氨酸这几个营养指标。同时要考虑到水温、饲养管理水平、饲料资源及质量、小龙虾健康状况等诸多因素的影响，对营养需要量灵活运用，合理调整。

（2）注意营养的平衡 配合日粮时，不仅要考虑各营养物质的含量，还要考虑各营养素的平衡，即各营养物质之间（如能量与蛋白质、氨基酸与维生素、氨基酸与矿物质等）以及同类营养物质之间（如氨基酸与氨基酸、矿物质与矿物质）的相对平衡。因此，饲料搭配要多样化，充分发挥各种饲料的互补作用，提高营养物质的利用率。

（3）适合小龙虾的营养生理特点 小龙虾不能较好地利用碳水化合物，过多的碳水化合物易发生脂肪肝，因此应限量。胆固醇是合成虾蜕皮激素的原料，饲料中必须提供。卵磷脂在脂溶性成分（脂肪、脂溶性维生素、胆固醇）的吸收与转运中起重要作用，小龙虾饲料中一般也要添加。

2. 经济原则 小龙虾养殖中,饲料费用占养殖成本的70%~80%,因此,在设计配方时,必须因地制宜、就地取材,充分利用当地的饲料资源,制定出价格适宜的饲料配方。另外,可根据不同的养殖方式设计不同的饲料配方,最大限度地节省饲料成本。此外,开拓新的饲料资源也是降低成本的途径之一。

3. 卫生原则 在设计配方时,应充分考虑饲料的卫生安全要求。所用的饲料原料应无毒、无害、未发霉、无污染,玉米、米糠、花生饼、棉仁饼因脂肪含量高,容易发霉感染黄曲霉并产生黄曲霉毒素,损害小龙虾的肝脏,因此要妥善贮藏。此外,还应注意饲料原料是否受农药和其他有毒、有害物质的污染。

4. 安全原则 安全性是指添加剂预混料配方产品,在饲养实践中必须安全可靠。所选用原料品质必须符合国家有关标准,有毒有害物质含量不得超出允许限度;不影响饲料的适口性;在饲料与小龙虾体内,应有较好的稳定性;长期使用不产生急、慢性毒害等不良影响;在饲料产品中的残留量不能超过规定标准,不得影响上市成虾的质量和人体健康;不导致亲虾生殖生理的改变或繁殖性能的损伤;活性成分含量不得低于产品标签标明的含量及超过有效期限。

5. 生理原则 科学的饲料配方其所选用的原料应适合小龙虾的食欲和消化生理特点,所以要考虑饲料原料的适口性、容积、调养性和消化性等。

6. 优选配方步骤 优选饲料配方主要有以下步骤:确定饲料原料种类→确定营养需要量→查饲料营养成分表→确定饲料用量范围→查饲料原料价格→建立线性规划模型并计算结果→得到一个最优化的饲料配方。

(二)小龙虾配合饲料的加工工艺

1. 参考配方

(1)小龙虾苗种料

① 鱼粉 70%、豆粕 6%、酵母 3%、α-淀粉 17%、矿物质 1%、其他添加剂 3%。

② 鱼粉 77%、啤酒酵母 2%、α-淀粉 18%、血粉 1%、复合维生素 1%、矿物质添加剂 1%。

③ 鱼粉 70%、蚕蛹粉 5%、血粉 1%、啤酒酵母 2%、α-淀粉 20%、复合维生素 1%、矿物质 1%。

④ 鱼粉 20%、血粉 5%、大豆饼 25%、玉米淀粉 23%、小麦粉 25%、生长素 1%、矿物质添加剂 1%。

⑤ 麦麸 30%、豆饼 20%、鱼粉 50%、维生素和矿物质适量。

(2)小龙虾成虾料

① 鱼粉 60%、α-淀粉 22%、大豆蛋白粉 6%、啤酒酵母 3%、引诱剂 3.1%、维生素添加剂 2%、矿物质添加剂 3%、食盐 0.9%。

② 鱼粉 65%、α-淀粉 22%、大豆蛋白粉 4.4%、啤酒酵母粉 3%、活性小麦筋粉 2%、氯化胆碱(含量为 50%)0.3%、维生素添加剂 1%、矿物质添加剂 2.3%。

③ 肝粉 40%、麦片 48%、绿紫菜 6%、酵母 6%、15%虫胶适量。

④ 干水丝蚓 15%、干子了 10%、干壳类 10%、干牛肝 10%、四环素类抗生素 18%、脱脂乳粉 23%、藻酸苏打 3%、黄蓍胶 2%、明胶 2%、阿拉伯胶 2%、其他 5%。

2. 加工设备

配合饲料的加工需要以下设备:清杂设备、粉碎机组、混合机械、制粒成型设备、烘干设备、高压喷油设备等。根据养殖规模和投资可配置简易饲料加工机械(图3-6)和规模化饲料加工机械(图3-7)。

图 3-6　简易饲料加工机械　　　　图 3-7　规模化饲料加工机械

3. 工艺流程　从目前国内小龙虾饲料加工情况来看,饲料加工工艺大致相同,主要有以下几个流程:

原料清理→配料→第一次混合→超微粉碎→筛分→加入添加剂和油脂→第二次混合→粉状配合饲料或颗粒配合饲料→喷油、烘干→包装、贮藏

(三)饲料的质量评定

目前我国对小龙虾全价配合饲料没有统一标准,我们很难对小龙虾配合饲料进行全面正确地评价,但在生产实践中以下指标可以参考。

1. 感官　色泽一致,无发霉变质、结块和异味,除具有鱼粉香味外,还具有强烈的鱼腥味,能够很快地诱引小龙虾前来摄食。

2. 饲料粒度　小龙虾幼苗的粉状料要求 80% 通过 100目分析筛,成虾料要求 80% 过 80 目分析筛,亲虾料要求 80%通过 60 目分析筛。

3. 黏合性 指饲料在水中的稳定性。良好的黏合性可以保证饲料在水中不易散失。但黏合性越高，α-淀粉含量就越高，可能会影响小龙虾的消化吸收；同时，在食台投喂的饲料由于黏合性过强，会被小龙虾拖入水中，造成浪费和水体污染。因此，应制成面团状或软颗粒饲料，提高在水中的稳定性，要求饲料保证 3 小时不溃散或在水体中保形 3 小时为良好。有时为了引诱小龙虾摄食，可以添加诱食剂和色素。

4. 其他 水分不高于 10%，适口性良好，具有一定的弹性。

四、投喂技巧

（一）投喂量

虾苗刚下田时，日投饵量每 667 平方米为 0.5 千克。随着生长，要不断增加投喂量。投喂量除了与天气、水温、水质等有关外，还应在生产实践中把握。由于小龙虾是捕大留小的，虾农不可能准确掌握稻田里虾的存田量，因此通过按生长量来计算投喂量是不准确的，建议虾农采用试差法来掌握投喂量。即在第二天投食前先查一下前一天所喂的饵料情况，如果没有剩，说明基本上够吃了；如果剩下不少，说明投喂过多；如果看到饵料没有剩下，且饵料投喂点旁边有小龙虾爬动的痕迹，说明投饵少了，如此观察 3 天就可以确定投饵量了。在没捕捞的情况下，每隔 3 天增加 10% 的投饵量，如果捕大留小了，则要适当减少 10%~20% 的投饵量。

（二）投喂方法

一般每天 2 次，分上午、傍晚投放，投喂以傍晚为主，投喂量占全天投喂量的 60%~70%。由于小龙虾喜欢在浅水处觅食,因此在投喂时,应在田埂边和浅水处多点均匀投喂,也可在稻田四周的环形沟边设饵料台,以便观察虾吃食情况。饲料投喂要采取"四看"、"四定"的方法。

1. "四看"投饵

看季节:5 月中旬前动、植物性饵料比为 60:40;5 月至 8 月中旬,为 45:55;8 月下旬至 10 月中旬为 65:35。

看实际情况:连续阴雨天气或水质过浓,可以少投喂,天气晴好时适当多投喂;大批虾蜕壳时少投喂,蜕壳后多投喂;虾发病季节少投喂,生长正常时多投喂。总的原则就是既要让虾吃饱吃好,又要减少浪费,提高饲料利用率。

看水色:透明度大于 50 厘米时可多投,少于 20 厘米时应少投,并及时换水。

看摄食活动:发现过夜剩余饵料应减少投饵量。

2. "四定"投饵

定时:每天 2 次,最好固定时间,需调整时间时宜半个月甚至更长时间才能完成。

定位:沿田边浅水区定点"一"字形摊放,每间隔 20 厘米设一投饵点,规模化养殖的稻田也可用投饵机来投喂。

定质:饲料质量要求高,讲究青、粗、精结合,确保新鲜适口,建议投配合饵料或全价颗粒饵料,严禁投腐败变质饵料。动物性饵料占 40%,粗料占 25%,青料占 35%。动物下脚料最好是煮熟后投喂。在稻田中水草不足的情况下,一定要添加陆生草类的投喂。夏季要捞掉吃不完的草,以免腐烂影响水质。

定量:日投饵量的确定按前文所述。

3. 小龙虾不同生长阶段的投喂方法 人工养殖情况下,

小龙虾不同的生长阶段的投喂方法略有区别。

一是投喂饲料种类有别。为了提供活饵料供幼虾摄食，稻田养殖小龙虾时，提前培育浮游生物是很有必要的。在放苗前 7 天向培育稻田内追施发酵过的有机草粪肥，培肥水质，培育枝角类和桡足类浮游动物，为幼虾提供充足的天然饵料，当然浮游动物也可从池塘或天然水域捞取。另外在幼虾刚能自主摄食时，可向稻田中投喂丰年虫无节幼体、螺旋藻粉等优质饵料。第四次蜕壳后的虾进入体重、体长快速增长期，这时要投足饵料，以浮萍、水花生、苦草、豆饼、麦麸、米糠、植物嫩叶等植物性饲料为主，同时要适当增加低价野杂鱼、水生昆虫、河蚌肉、蚯蚓、蚕蛹、鱼肉糜、鱼粉等动物性饲料的投喂量。而成虾养殖可直接投喂绞碎的米糠、豆饼、杂鱼、螺蚌肉、蚕蛹、蚯蚓、屠宰场和食品加工厂的下脚料或配合饲料等，保证饲料粗蛋白质含量在 25%左右。投喂颗粒饲料效果最好，可避免争抢饲料、自相残杀。

二是投喂次数略有区别。幼虾一般每天投喂 3~4 次，时间在上午 9~10 时投喂第一次、下午 15~16 时投喂第二次、日落前后投喂第三次、有时夜间可投喂第四次，投喂量为每万尾幼虾 0.15~0.20 千克，沿稻田四周多点片状投喂。当幼虾经过多次蜕壳进入壮年后，要定时向稻田中投施腐熟的草粪肥，一般每半个月 1 次，每次每 667 平方米 100~150 千克。同时每天投喂 2~3 次人工糜状或软颗粒饲料，日投喂量为壮年虾体重的 4%~8%，白天投喂占日投饵量的 40%，晚上投喂占日投饵量的 60%。成虾一天投喂 2 次，上午、傍晚各 1 次，日投饵量为虾体重的 2%~5%。

三是水草利用有区别。水草是幼虾理想的隐蔽物、栖息场所，同时也是蜕壳的良好场所，对于成虾除以上功能外，水草作为补充饲料,可以大大节约养殖成本。

五、灯光诱虫

飞蛾等虫类是鱼虾的优质活饵料,波长为 0.33~0.4 微米的紫外光,对虾类无害,但是对虫蛾而言,具有较强的趋向性。而黑光灯所发出的紫光和紫外光,波长为 0.36 微米,虫蛾最喜欢,可大量诱集蛾虫。实践表明,在稻田中装配黑光灯引诱飞蛾、昆虫,可为小龙虾增加一定数量廉价优质的鲜活动物性饵料,使产量增加 10%~15%,降低饲料成本 10% 以上,而且可诱杀附近农田的害虫,增产增收。

试验表明,诱虫效果最好的是 20 瓦和 40 瓦的黑光灯,其次是 40 瓦和 30 瓦的紫外灯,最差的是 40 瓦的日光灯和普通电灯。选购 20 瓦的黑光灯管,装配上 20 瓦普通日光灯镇流器,灯架为木质或金属三角形结构。在镇流器托板下面、黑光灯管的两侧,再装配宽为 20 厘米、长与灯管相同的普通玻璃 2~3 片,玻璃间夹角为 30°~40°。虫蛾扑向黑光灯碰撞在玻璃上,被光热烧晕后掉落水中,有利于小龙虾摄食。

在田埂一端离田埂 5 米处的稻田内侧埋栽高 1.5 米的木桩或水泥柱,柱的左右分别拴 2 根铁丝,间隔 50~60 厘米,下面一根离水面 20~25 厘米,拉紧固定后,用来挂灯管。

在 2 根铁丝的中心部位,固定安装好黑光灯,并使灯管直立仰空 12°~15°,以增加光照面,1 334~3 335 平方米的稻田一般挂 1 组,3 335~6 667 平方米的稻田可分别在对角安装 1 组,即可解决部分饵料。

黑光灯诱虫从每年的 5 月到 10 月初,共 5 个月时间。除大风、雨天外,每天诱虫高峰期在晚上 20~21 时,此时诱虫量可占当夜诱虫总量的 85% 以上,午夜零时以后诱虫数量明显减少,可关灯。夏天以傍晚开灯最佳。据测试,如果开灯第一个小时诱集的虫蛾数量总额定为 100% 的话,那么第二个小时内诱集的蛾虫总量则为 38%,第三个小时内诱集的虫蛾总量则为 173%。因此每天适时开灯 1~3 个小时效果最佳。

据报道,黑光灯所诱集的飞蛾种类较多,在 7 月份以前,多诱集到棉铃虫、地老虎、玉米螟、金龟子等,每组灯管每夜可诱集 1.5~2 千克,相当于 4~6 千克的精饲料;7 月份以后,多诱集蟋蟀、蝼蛄、金龟子、蚊、蝇、蜢、蚋、蝗、蛾、蝉等,每夜可诱集 3~5 千克,相当于 15~20 千克的精料。

第四章 稻田虾沟内水草与栽培技巧

一、水草的作用

调查表明,在稻田的田间沟和环形沟中种植水草小龙虾的产量增 37%左右,规格增大 2~3.5 克/只,每 667 平方米效益增加 50~90 元,因此种草养虾显得尤为重要。

水草在小龙虾养殖中的作用具体表现在以下几点。

(一)模拟生态环境

渔谚有:"虾多少,看水草","虾大小,看水草",说的就是水草直接影响小龙虾的生长速度和肥满程度;在稻田的虾沟中种植水草可以模拟和营造生态环境,利于小龙虾快速适应环境和快速生长。

(二)提供丰富的天然饵料

水草营养丰富,富含蛋白质、粗纤维、脂肪、矿物质和维生素等小龙虾需要的营养物质,可以在一定程度上弥补人工饲料不足,降低生产成本。水草中含有大量活性物质,小龙虾经常食用水草,能够帮助消化,促进胃肠功能的健康。另一方面小龙虾喜食的水草还具有鲜、嫩、脆的特点,便于取食,具有很强的适口性。同时水草多的地方,赖以水草生存的各种水生小动物、昆虫、小鱼、小虾、螺、蚌及底栖生物等也随之增加,又为小龙虾提供了丰富的动物性饵料(图 4-1)。

（三）净化水质

水草通过光合作用，能有效地吸收稻田中的二氧化碳、硫化氢和其他无机盐类，降低水中氨氮，起到增加溶氧、净化、改善水质的作用，使水质保持新鲜、清爽，有利于小龙虾的生长。另外，水草稳定水体的 pH，保持中性偏碱。

（四）隐蔽藏身

丰富的水草形成了一个水下"森林"，小龙虾常常攀附在水草上，既为小龙虾提供安静的环境，又有利于小龙虾缩短蜕壳时间，减少体能消耗，提高成活率。同时，小龙虾蜕壳后成为"软壳虾"，此时缺乏抵御能力，极易遭受敌害侵袭，水草可起隐蔽作用，使其同类及老鼠、水蛇等敌害不易发现，减少侵袭造成的损失(图4-2)。

（五）提供攀附

小龙虾有攀爬习性，尤其是阴雨天，它们攀附在水草上，将头露出水面呼吸(图4-3)。

（六）调节水温

稻田养殖小龙虾最适应水温是 20℃~30℃，当水温低于20℃或高于30℃时，小龙虾的活动量减少，摄食下降。如果水温进一步变化，小龙虾多数会进入洞穴中穴居，影响它的快速生长。在虾沟中种植水草，在冬天可以防风避寒，夏季可以遮荫、歇凉。水草能遮住阳光直射，控制虾沟内水温的骤升，使小龙虾在高温季节也可正常摄食、蜕壳、生长，对提高小龙虾成品的规格起重要作用。

（七）有助于防治疾病

研究表明，多种水草具有较好的药理作用，例如喜旱莲子草（即水花生）能较好地抑制细菌和病毒，小龙虾在轻微得病后，可以自行觅食，自我治疗，效果很好（图4-4）。

（八）提高小龙虾品质

水草可以扩展水体空间，有利于疏散养殖密度，防止和减少格斗和残食现象，避免不必要的伤亡。

小龙虾平时在水草上攀爬摄食，虾体易受阳光照射，有利于钙质的吸收沉积，促进蜕壳生长。另一方面，水草特别是优质水草，能促进小龙虾的体表的颜色与之相适应，提高品质。再一个方面就是小龙虾常在水草上活动，能避免它长时间在洞穴中栖居，使小龙虾的体色更光亮，更洁净，更有市场竞争力。

（九）有效防逃

在水草较多的地方，常常富积大量的小龙虾喜食的鱼、虾、贝、藻等鲜活饵料，使它们产生安全舒适的感觉，一般很少逃逸。因此虾沟内种植丰富优质的水草，是防逃的有效措施。

（十）消浪护坡

在稻田的虾沟内侧种植水草，还具有消浪护坡、防止田埂坍塌的作用。

二、稻田水草栽培技术

(一)栽前准备

栽草前需要对稻田做适当处理(图 4-5)。

清整虾沟:如果是已养殖虾 2 年的稻田,需要将虾沟消毒清整,主要方法是排干沟内的水,每 667 平方米用生石灰 150~200 千克化水趁热全池泼洒,清野除杂,并让沟底充分冻晒半个月,同时做好虾沟的修复整理工作。如果是当年刚开挖的虾沟,只需要清理沟内塌陷的泥土就可以了。

图 4-5 栽草前要对稻田做适当处理

注水施肥:栽培前 5~7 天,注水 30 厘米左右深,进水口用 60 目筛绢过滤,每 667 平方米施腐熟粪肥 300~500 千克,既作为栽培水草的基肥,又可培肥水质。

(二)品种选择与搭配

一是,根据小龙虾对水草利用的优越性,确定移植水草的种类和数量,一般以沉水植物和挺水植物为主,浮叶和漂浮植物为辅。

二是,根据小龙虾的食性移植水草,可多栽培一些小龙虾喜食的苦草、轮叶黑藻、金鱼藻,其他品种水草适当少移植,起到调节互补作用。这对改善稻田水质、增加虾沟内的溶氧、提高水体透明度有很好的作用。

三是,稻田养殖小龙虾不论采取哪种养殖模式,虾沟中的水草覆盖率都应该保持在50%左右,水草品种在2种以上。

四是,在稻田中最常选择的是伊乐藻、苦草、轮叶黑藻这三种水草。三者的栽种比例是伊乐藻早期覆盖率应控制在20%左右,苦草覆盖率应控制在20%~30%,轮叶黑藻的覆盖率控制在40%~50%。三者的栽种时间次序为伊乐藻—苦草—轮叶黑藻。三者的作用是伊乐藻为早期过渡性和食用水草,苦草为食用和隐藏性水草,轮叶黑藻则作为稻田养殖的长期管用的主打水草。注意事项是,伊乐藻要在冬春季播种,高温期到来时,将伊乐藻草头割去,仅留根部以上10厘米左右;苦草种子要分期分批播种,错开生长期,防止遭小龙虾一次性破坏;轮叶黑藻可以长期供应。

(三)栽培技术

水草的栽培有部分内容在前文已有一定的叙述,这里仅就部分要点做适当说明和补充。

1. 栽插法 适用于带茎水草,这种方法一般在小龙虾放养之前使用,首先浅灌虾沟中的水,将伊乐藻、轮叶黑藻、金鱼藻、苾苾草、水花生等带茎水草切成小段,长度约20~25厘米,然后像插秧一样,均匀地插入沟底(图4-6)。我们在生产中摸索到

图4-6　水草的行距和株距要合适

一个小技巧,就是可以简化处理,先用刀将带茎水草切成需要的长度,然后均匀地撒在虾沟中,沟里保留5厘米左右的水位,用脚或用带叉形的棍子用力踩或插入泥中即可。这种栽插方法也可用于稻谷收割后的田面里的水草栽培。

2. 抛入法 适用于浮叶植物,先将沟里的水位降至合适的位置,然后将莲、菱、荇菜、莼菜、芡实、苦草等的根部取出,露出叶芽,用软泥包紧根后直接抛入沟中,使其根茎能生长在底泥中,叶能漂浮水面即可。

3. 播种法 适用于种子发达的水草,目前最为常用的就是苦草了。播种时水位控制在10厘米,先将苦草籽用水浸泡一天,将细小的种子搓出来,然后加入10倍的细砂壤土,与种子拌匀后直接撒播,为了将种子能均匀地撒开,砂壤土要保持略干为好。每667平方米水面用苦草种子30~50克。

4. 移栽法 适用于挺水植物,先将虾沟降水至适宜水位,将蒲草、芦苇、茭白、慈姑等连根挖起,最好带上部分原池中的泥土,移栽前要去掉伤叶及纤细劣质的根苗,移栽位置可在池边的浅滩处或者池中的小高地上,要求小苗根部入水在10~20厘米之间,进水后,整个植株不能长期浸泡在水中,密度为每667平方米45棵左右。

5. 培育法 适用于浮叶植物,它们的根比较纤细,这类植物主要有瓢莎、青萍、浮萍、水葫芦等,在沟中用竹竿、草绳等隔一角落,也可以用草框将浮叶植物围在一起培育,通常是放在虾沟的角落里,用草绳拦好就可以了。

6. 捆扎法 方法是把水草扎成团,大小为1平方米左右,用绳子和石块固定在水底或浮在水面,每667平方米可放25处左右,也可用草框把水花生、空心菜、水浮莲等固定在水中央。

栽培水草注意以下几个问题。

一是,水草在虾池中的分布要均匀,不宜一片多一片少。

二是,水草种类不能单一,最好使挺水性、漂浮性及沉水性水草合理分布,保持相应的比例,以适应小龙虾多方位的需求,沉水植物为小龙虾提供栖息场所,漂浮植物为小龙虾提供饵料,挺水植物主要起护坡作用。

三是,无论何种水草都要保证不能覆盖整个池面,至少留有池面 1/2 作为小龙虾自由活动的空间。

四是,栽种水草主要在虾种放养前进行,如果需要也可在养殖过程中随时补栽。在补栽中要注意的是判断池中是否需要补种水草,应根据具体情况来确定。

三、主要水草及其栽培

用于养鱼、养虾的水草种类很多,分布也较广,在养虾稻田中,适合小龙虾需要的种类主要有苦草、轮叶黑藻、金鱼藻、水花生、浮萍、伊乐藻、眼子菜、青萍、槐叶萍、满江红、簀藻、水车前、空心菜等。下面简要介绍几种常用水草的特性与栽培技巧。

(一)伊乐藻

伊乐藻是我国从日本引进的一种水草,原产于美洲,是一种优质、速生、高产的沉水植物,它的叶片较小,不耐高温, 只要水面无冰即可栽培, 水温 5℃以上即可萌发,10℃即开始生长,15℃时生长速度快, 当水温达 30℃以上时,生长明显减弱,藻叶发黄,部分植株顶端会发生枯萎。对水质要求很高,非常适合小龙虾的生长,小龙虾在水草上部游动时,身体非常干净。伊乐藻具有鲜、嫩、脆的特点,是小龙虾优良的天然食料。在长江流域通常以4~5月份和10~11月份生物量达最高。

1. 栽培时间 根据伊乐藻的生理特征以及生产实践的需要,笔者建议栽培时间宜在11月份至翌年1月中旬,气温5℃以上。

2. 栽培方法

图4-7 沉栽伊乐藻

（1）沉栽法 每667平方米用15~25千克的伊乐藻种株,将种株切成20~25厘米长的段,每4~5段为1束,在每束种株的基部裹上有一定黏度的软泥团,撒播于沟中,泥团带动种株下沉着底,并能很快扎根在泥中(图4-7)。

（2）插栽法 每667平方米的用量与处理方法同上,然后像插秧一样插栽,栽培时栽得宜少,但距离要拉大,株距、行距为1米×1.5米。插入泥中3~5厘米,泥上留15~20厘米,栽插初期保持水位以插入伊乐藻刚好没头为宜,待水草长满后逐步提高水位。如果伊乐藻一把把地种在水里,会导致植株成团生长,由于小龙虾爱吃伊乐藻的根茎,小龙虾一夹就会断根漂浮而死亡,这一点非常重要,在栽培时要注意防止这种现象的发生。

（3）踩栽法 伊乐藻生命力较强,在池塘中种株着泥即可成活。每667平方米的用量与处理方法同上,把它们均匀撒在塘中,水位保持在5厘米左右,然后用脚轻轻踩一踩,让它们黏着泥就可以了,10天后加水(图4-8)。

3. 栽培要点

（1）**水位调节** 伊乐藻宜栽种在水位较浅处，栽种后10天就能生出新根和嫩芽，3月底就能形成优势种群。平时可按照逐渐增加水位的方法加深池水，至盛夏水位加至最深。一般情况下，可按照"春浅，夏满、秋适中"的原则调节水位。

图4-8 踩栽伊乐藻

（2）**投施肥料** 在施好基肥的前提下，还应根据池塘的肥力情况适量追施肥料，以保持伊乐藻的生长优势。

（3）**控温** 伊乐藻耐寒不耐热，高温天气会断根死亡，后期必须控制水温，以免伊乐藻死亡导致大面积水体污染。

（4）**控高** 伊乐藻有一个特性就是当它一旦露出水面后，它会折断而导致死亡，败坏水质，因此不能疯长，方法是在5~6月份不要将虾沟内的水位加得太高，应逐渐地加至60~70厘米，当7月份水温达到30℃，伊乐藻不再生长时再加水位到120厘米。

（二）苦 草

苦草是典型的沉水植物，高40~80厘米。地下根茎横生。茎方形，被柔毛。叶纸质，卵形，对生，叶片长3~7厘米，宽2~4厘米，先端短尖，基部钝锯齿。苦草喜温暖，耐荫蔽，对土壤要求不严，野生植株多生长在林下山坡、溪旁和沟边（见图4-9）。含较多营养成分，具有很强的水质净化能力，在我国广泛分布于河流、湖泊等水域，分布区水深一般不超过2米，在透明度大，淤泥深厚,水流缓慢的水域,苦草生长良好。3~4月份,水温升至15℃以上时,苦草的球茎或种子开始萌芽生长。在水温18℃~22℃时。经4~5天发芽,约15天出苗率可达98%以上。苦草在水底分布蔓延的速度很快,通常1株苦草1年可形成1~3平方米的群丛。6~7月份是苦草分蘖生长旺盛期,9月底至10月初达最大生物量,10月中旬以后分蘖逐渐停止,生长进入衰老期。

1. 草种选择 选用的苦草种应籽粒饱满、光泽度好,呈黑色或黑褐色,长度2毫米以上,最大直径不小于0.3毫米,以天然野生苦草的种子为好,可提高子一代的分蘖能力。

2. 栽种方法

(1)浸种 选择晴朗天气晒种1~2天,播种前,用池塘清水浸种12小时。

(2)播种 播种期在4月底至5月上旬,当水温回升至15℃以上时播种,谷雨前后播种,种子发芽率高。播种过早,发芽率低;播种过迟,则种子发芽后易被小龙虾摄食,形不成群丛。用种量15~30克/667米²。播种前向沟中加新水3~5厘米,最深不超过20厘米。选择晴天晒种1~2天,然后用水浸种12小时,捞出后搓出果荚内的种子。将种子与细土(按1:10)混合拌匀后即可撒播,条播或间播均可。下种后薄盖一层草皮泥,并盖草,淋水保湿以利于种子发芽。在温度18℃以上,播种后10~15天即可发芽。幼苗出土后可揭去覆盖物。

(3)插条 选苦草的茎枝顶梢,具2~3节,长约10~15厘米作插穗。在3~4月份或7~8月份按株行距20厘米×20厘米斜插。一般约1周即可长根,成活率达80%~90%。

(4)移栽 苗具有2对真叶,高7~10厘米时移植最好。株行距25厘米×30厘米或26厘米×33厘米。定植地每667平方米施基肥2 500千克,用草皮泥、人畜粪尿、钙镁磷复合肥料最好。还可以采用水稻"抛秧法"将苦草秧抛在养虾水域。

3. 栽培管理

（1）水位控制 种植苦草时前期水位不宜太高,否则草籽漂浮起来而不能发芽生根。6月中旬以前,虾沟水位控制在30厘米左右,6月下旬水位加至40厘米左右,此时苦草已基本达到要求,7月中旬水深加至60~80厘米,8月初可加至100~120厘米。

（2）密度控制 如果水草过密时,要及时做去头处理,以达到搅动水体、控制长势、减少缺氧的作用。

（3）肥度控制 分期追肥4~5次,生长前期每667平方米可施稀粪尿水500~800千克,后期可施氮、磷、钾复合肥或尿素。

（4）捞出残草 经常把漂在水面的残草捞出,以免破坏水质,影响池底水草光合作用。

（三）轮叶黑藻

轮叶黑藻是多年生沉水植物,茎直立细长,长50~80厘米,叶带状披针形,广布于池塘、湖泊和水沟中(见图4-10)。冬季为休眠期。水温10℃以上时,芽苞开始萌发生长,前端生长点顶出,茎叶见光呈绿色,同时随着芽苞的伸长在基部叶腋处萌生出不定根,形成新的植株。待植株长成可以断枝再植。轮叶黑藻可移植也可播种,栽种方便,并且枝茎被小龙虾夹断后还能正常生根长成新植株,不会对水质造成不良影响。因此,轮叶黑藻是小龙虾养殖水域中极佳的品种。其特点是喜高温、生长期长、适应性好、再生能力强,小龙虾喜食。适合于光照充足的沟渠、池塘及大水面播种。

1. 栽培时间 大约在5月中旬为宜。

2. 栽培方法

（1）移栽 将虾沟留5厘米的淤泥，注水达8厘米左右。将轮叶黑藻的茎切成15~20厘米小段，然后像插秧一样均匀地插入泥中，株行距20厘米×30厘米。苗种应随取随栽，不宜久晒，一般每667平方米用种株50~70千克。

（2）枝尖插植 轮叶黑藻有须状不定根，在每年的4~8月份，处于营养生长阶段，用枝尖插植3天后就能生根，形成新的植株。

（3）营养体移栽繁殖 一般在谷雨前后，将虾沟内的水排干，留底泥10~15厘米，将长至15厘米的轮叶黑藻切成长8厘米左右的段节，每667平方米按30~50千克均匀抛撒，使茎节部分浸入泥中，再将虾沟内的水位加至15厘米深。约20天后全沟覆盖新生的轮叶黑藻时将水位加至30厘米，以后逐步加深沟水，不使水草露出水面。

（4）芽苞种植 每年的12月份到翌年3月份是轮叶黑藻芽苞的播种期，芽苞的制作方法很简单，播种前须用水浸种3~5天，然后洗净种粒的附着外皮，形成芽苞。选择晴天播种，播种前加注新水10厘米，每667平方米用种250~500克，播种时应按行、株距各50厘米将芽苞3~5粒插入泥中，或者拌泥沙撒播。当水温升至15℃时，5~10天开始发芽，出苗率可达95%。冬季采收轮叶黑藻冬芽投放虾池至翌年春季水温上升时亦能萌发长成新的植株。

（四）金鱼藻

沉水性多年生水草，全株深绿色，长20~40余厘米，群生于淡水池塘、水沟、稳定小河、温泉流水及水库中（见图4-11），是小龙虾的极好饲料。

金鱼藻的移栽时间在4月中下旬,或当地水温稳定超过11℃即可。首先浅灌池水,将金鱼藻切成小段,长度约10~15厘米,然后像插秧一样,均匀地插入池底,667平方米栽10~15千克。

还有一种栽草方法是深水栽种,水深1.2~1.5米,金鱼藻茎的长度留1.2米;水深0.5~0.6米,草茎留0.5米。准备一些手指粗细的棍子,棍子长短以齐水面为宜。在棍子入土的一头离10厘米处用橡皮筋绷上3~4根金鱼藻,每蓬嫩头不超过10个,分级排放。移栽时做到"深水区稀,浅水区密,肥水时稀,瘦水时密,急用则密,等用则稀"的原则,一般栽插密度为深水区1.5米×1.5米,栽1蓬,浅水区1米×1米,栽1蓬。

（五）菱

一年生草本水生植物,叶片非常扁平光滑,具有根系发达、茎蔓粗大、适应性强、抗高温的特点,菱角藤长绿叶子,茎为紫红色,开鲜艳的黄色小花。

将菱角用软泥包紧后,直接抛入泥中,使其根或茎能生长在底泥中,叶能漂浮水面,每年的3月份前后,也可在渠底或水沟中,挖取菱的球茎,带泥抛入池中,让其生长。

（六）菱　白

为水生植物,株高约1~3米,叶互生,喜生长于浅水中,喜高温多湿,生育初期适温15℃~20℃,嫩茎发育期适温20℃~30℃。

宜栽在四周的池边或浅滩处,栽种时应连根移栽,要求秧苗根部入水在10~12厘米,每667平方米栽30~50棵即可。

(七)水花生

是挺水植物，水生或湿生多年生宿根性草本，茎长可达 1.5~2.5 米，其基部在水中匍生蔓延，原产于南美洲，我国长江流域各省水沟、水塘、湖泊均有野生(见图 4-12)。水花生适应性极强，喜湿耐寒，能自然越冬，气温上升到 10℃ 时即可萌芽生长，最适气温为 22℃~32℃。5℃ 以下时水上部分枯萎，水下茎仍能保留。

移栽时用草绳把水花生捆在一起，形成一条条的水花生带，平行放在虾沟的四周。

(八)水葫芦

是多年生宿根浮水草本植物，高约 0.3 米，在深绿色的叶下，有一个直立的椭圆形中空的葫芦状茎，因它浮于水面生长，又叫水浮莲。又因其在根与叶之间有一像葫芦状的大气泡又称水葫芦(见图 4-13，图 4-14)。水葫芦茎叶悬垂于水上，蘗枝匍匐于水面。花为多棱喇叭状，花色艳丽美观。叶色翠绿偏深，叶全缘，光滑有质感。须根发达，分蘗繁殖快，管理粗放，是美化环境、净化水质的良好植物。喜欢在向阳、平静的水面或潮湿肥沃的边坡生长。在日照时间长、温度高的条件下生长较快，受冰冻后叶茎枯黄。每年 4 月底 5 月初在老根上发芽，年底霜冻后休眠。水葫芦喜温，在 0℃~40℃ 的范围内均能生长，13℃ 以下开始繁殖，20℃ 以上生长加快，25℃~32℃ 生长最快，35℃ 以上生长减慢，43℃ 以上则逐渐死亡。

在水质良好、气温适当、通风较好的条件下株高可长到 50 厘米，一般可长到 20~30 厘米，可在沟中用竹竿、草绳等隔一角落，进行培育。

（九）萍　类

主要有紫萍、青萍、芜萍等多种,是喜欢在稻田、藕塘、池塘和沟渠等静水水体中生长的天然饵料。色绿、背紫、干燥、完整、无杂质者为佳。

可根据需要随时捞取,也可在沟中用竹竿、草绳等隔一角落,进行培育。

（十）空心菜

土埂斜坡栽培法:在距田底 1~1.5 米之间的埂坡上种植。先将该地带的土地翻耕 5~10 厘米,播前洒水,撒播后,将种子用细土覆盖,以后定期浇灌,以利于出苗。出苗后要定期施肥,以鸡粪为好。当气温升高,空心菜生长旺盛,枝叶繁茂,随着水位上涨,其茎蔓及分枝会自然在水面及水中延伸,在稻田田间沟的四周水面形成空心菜的生态带。虾沟覆盖水面面积控制在 20%~30%。

水面直接栽培法:空心菜长至 20 厘米左右时,节下就会生出须根,这时剪下带须根的苗即可作为种苗。栽培面积以空心菜植株长大后覆盖水面面积不超过 30% 为宜。

（十一）黄　草

黄草的植株较大且脆嫩,具有净水能力强、生命力强、适应性强的优点,小龙虾喜食它的叶片,可广泛栽种在稻田、河沟、池塘和湖泊中。春季水温升至 10℃以上便可播种,因黄草种粒较大,667 平方米用种需 500~800 克,播种前须用水浸种 5 天催芽后播种,一般播种 10 天左右便可发芽。播种前期应控制水位,并保持池水有最大的透明度。

(十二)挺水植物

适合在稻田虾沟内栽种的挺水植物还有莲藕、芦苇、蒲草、慈姑等。

(十三)水草栽植

种植水草是个技术活,马虎不得。一是要种植小龙虾喜欢吃的水草,另一个概念就是小龙虾喜欢这种水草所营造的环境,对于小龙虾不喜欢的水草最好不要种植。二是种植水草要有差异性,在环形虾沟及田间沟内栽植聚草、苦草、水芋、慈姑、水花生、轮叶黑藻、金鱼藻、眼子菜等沉水性水生植物,在沟边种植空心菜,在水面上移养漂浮水生植物如芜萍、紫背浮萍、凤眼莲等。但要控制水草的面积,一般水草占环形虾沟面积的 40%~50%,从而为放养的小龙虾创造一个良好的生态条件。要提醒养殖户的就是虾沟或环形沟内的水草以零星分布为好,不要聚集在一起,这样有利于虾沟内水流畅通无阻。

在稻田中移栽水草,一般可以分为两种情况进行,一种情况是在秧苗成活后移栽,具体步骤以苦草为例(图 4-15)。

还有一种情况就是稻谷收获后,人工移栽水草,供来年小龙虾使用,这里用伊乐藻的人工栽培来简要说明操作技术(图 4-16)。

图4-1 稻田中的黄丝草是小龙虾
很好的饲料

图4-2 这种水草茂盛的地方
最适宜养小龙虾

图4-3 水草为小龙虾提供攀爬附
着的场所

图4-4 水花生有助于防治
小龙虾疾病

图4-9 苦草是最常用的水草

图4-10 轮叶黑藻

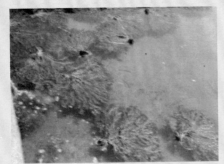

图 4-11 金鱼藻栽前准备

图 4-12 水花生带

图 4-13 水葫芦

图 4-14 培育保种的水葫芦

第一步:取出苦草幼苗

第二步:处理幼苗根茎

第三步：将处理好的苦草根部对齐　　　第四步：将苦草栽入田间沟或秧苗
　　　　准备栽植　　　　　　　　　　　　　　的空间处

图 4-15　苦草移栽步骤

第一步：从外地运来的水草，在栽种前适当地消毒处理

第二步：捞出水草　　　　　　第三步：正在栽草

图 4-16　伊乐藻移栽步骤

第五章　小龙虾的繁殖技术

多年的生产实践证实,小龙虾的苗种人工繁殖技术仍然处于完善和发展之中,如果稻田面积不大或者只能满足亲虾的需求,建议养殖户可采用放养抱卵亲虾,实行自繁、自育、自养的方法供应苗种。如果养殖的稻田面积较大,形成一定的规模,需要大批的苗种时,就要进行小龙虾的人工繁殖,确保苗种批量供应。

一、生殖习性

(一)性成熟

性成熟是指小龙虾生殖器官发育完全,生殖功能和性腺发育达到了比较成熟的阶段,具备了正常的繁殖功能,可以用来繁衍后代的小龙虾。研究表明,小龙虾是隔年性成熟的,也就是说当年雌雄小龙虾经过交配、受精、抱卵直至孵化后,离开母体的幼虾到翌年的 6~8 月份才能达到性成熟,开始繁殖。

性成熟的龙虾

(二)自然性比

在自然界中,小龙虾的雌雄比例是不同的,根据舒新亚等人的研究表明,在全长 3.0~8.0 厘米中,雌性占总体的 51.5%,雄性占 48.5%,雌雄比例为 1.06:1。在 8.1~13.5 厘米中,雌性占总体的 55.9%,雄性占 44.1%,雌雄比为 1.17:1,在其他的个体大小中,则是雄性占大多数。大规格组雌性明显多于雄性的原因是交配之后雄性易死亡,雄性个体越大,死亡率越高。

了解小龙虾在自然界中的雌雄性比,有实际意义,一是在销售小龙虾时,可以快速判断雌雄个体的数量和规格,以取得最大的经济效益。二是在选择亲虾时,对选择雌雄虾的大小和雌雄配比具有非常重要的作用,可以在一定的规格范围内基本上确定亲虾群体的繁殖能力。

(三)交　配

小龙虾的交配季节一般在 4 月下旬到 7 月份,1 尾雄虾可先后与 1 尾以上的雌虾交配,水温 15℃ 以上就可以交配了。就个体而言,在水温适宜的交配季节里均可交配,但是对群体而言,交配高峰期是在 5 月份。

交配前雌虾先进行生殖蜕壳,约需 2 分钟。交配时雌虾仰卧水面,雄虾用它那又长又大的螯足钳住雌虾的螯足,用步足紧紧抱住雌虾,然后将雌虾翻转、侧卧。到适当时候,雄虾的钙

正在交配的龙虾

质交接器与雌虾的储精囊连接，雄虾的精荚顺着交接器进入雌虾的储精囊，雄虾射出精子，精子储藏在储精囊中，完成交配。小龙虾的交配时间一般可持续 20 分钟左右，而这些精子在 9~10 月份雌虾产卵以前就一直保存在雌虾的储精囊中。

(四) 产卵受精

雌亲虾交配完成后就陆续开始掘洞，在洞中完成产卵及受精卵孵化的过程。

图 5-1　刚刚抱卵的虾

图 5-2　卵发育一周左右的抱卵虾

产卵时，雌虾从生殖孔排出卵子，卵子往外排放时会经过储精囊，这时预先储藏在储精囊内的精子就会被及时释放出来，使卵受精，成为受精卵。刚受精的受精卵呈圆形，以后随着胚胎的发育而不断变化。受精卵继续向外释放，一直到达雌虾的腹部，最后借助从卵巢里带出的胶原蛋白将受精卵紧紧黏附在雌虾的腹足上，在腹部侧甲延伸形成抱卵腔，用于保护受精卵，又被形象地称为"抱卵"（图5-1）。不同时期抱卵虾有不同的特征（图 5-2，图 5-3，图 5-4，图 5-5，图 5-6）。

在雌虾抱卵时，为了保证受精卵孵化时的氧气需求，雌虾的腹足不停地摆动，以激动水流，促进氧气的供给。

根据研究表明，每尾小龙虾一年可产卵 3~4 次，每次产卵

100~500 粒。产卵量随个体长度的增长而增大。根据我们对 154 尾雌虾的解剖结果，体长 7~9 厘米的雌虾，产卵量约为 100~180 粒，平均抱卵量为 134 粒；体长 9~11 厘米的雌虾，产卵量约为 200~350 粒，平均抱卵量为 278 粒；体长 12~15 厘米的亲虾，产卵量为 375~530 粒，平均抱卵量为 412 粒。

图 5-3　可见已经发育成小幼虾的抱卵虾

(五)孵　化

在自然情况下，幼虾从第一年秋季孵出后，幼体的生长、发育和越冬过程都是附生在母体腹部，到第二年春季才离开母体生活，这是为保证其成活率，成活率可达 80% 左右。

受精卵孵化时间与水温、溶氧量、透明度等水质因素密切相关。日本学者对小龙虾受精卵的孵化进行了研究，结果表明在 7℃ 的水温条件下，受精卵孵化约需 150 天，10℃ 时约需 87 天，

图 5-4　可清楚地看到小幼虾

图 5-5　部分幼虾已经离开的抱卵虾

图 5-6　繁殖后的亲虾

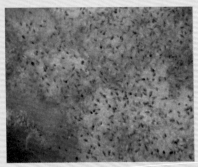

图 5-7　孵化成小虾苗

15℃ 时约需 46 天，22℃ 时约需 19 天，25℃ 时约需 15 天。如果水温太低，受精卵的孵化可能需数月之久，这就是我们在翌年的 3～5 月份仍可见到抱卵虾的原因。

刚孵出的幼体（图 5-7）叫一期幼体，依靠卵黄营养，几天后蜕壳育成二期幼体。二期幼体可以利用浮游生物作食物来源，也可以做短距离的游泳，但此时仍然需要亲虾的保护，在遇到危险或惊扰时，幼虾能迅速回到母体的腹部。过 5 天左右，蜕壳后成为三期幼体，三期幼体在形态上与成体相似，且具有自主摄食能力。

二、小龙虾的雌雄鉴别

在自然条件下，小龙虾性成熟较早，个体达到 20～30 克即可达到性成熟。雌雄异体的，它们在外形上都有自己的特征，容易区别，鉴别如下：

一是个体大小的区别。达到性成熟的同龄虾中，雄性个体要比雌性个体粗大雄壮。

二是腹部比较。两者相比较而言，性成熟的雌虾腹部膨大，有利于抱卵。雄虾腹部相对狭小。

三是螯足特征。雄虾螯足膨大，腕节和掌节上的棘突长而明显，且螯足的前端外侧有一明亮的红色软疣。雌虾螯足较小，大部分没有红色软疣，少部分有软疣，但是面积要小得多且颜色较淡（图5-8，图5-9）。

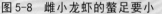

图5-8　雌小龙虾的螯足要小　　　图5-9　雄小龙虾的螯足要大一点

　　四是生殖腺区别。雌虾的生殖孔开口于第三对胸足基部，可见明显的一对暗色圆孔，腹部侧甲延伸形成抱卵腔，用以附着卵。雄虾的生殖孔开口在第五对胸足的基部，有一对交接器，输精管只有左侧一根，呈白色线状。

　　五是交接器。雄虾第一、第二腹足演变成白色、钙质的管状交接器；雌虾第一腹足退化，第二腹足进化成羽状，目的是便于激动水流，为抱卵、孵化做准备（图5-10，图5-11）。

图5-10　雌小龙虾无交接器　　　图5-11　雄小龙虾的棒状交接器

三、亲虾选择

(一) 选择时间

小龙虾亲虾的选择时间一般在 8 ~10 月份或当年 3~4 月份，笔者（2007）对小龙虾的性腺发育情况做了解剖（表 5-1），建议虾农购买抱卵亲虾时，不要晚于 9 月底。亲虾可直接从养殖小龙虾的池塘或天然水域捕捞。亲虾离水时间不要超过 2 小时，在室内或潮湿的环境，时间可适当长一些。

表 5-1　小龙虾性腺发育解剖情况

卵特征	数 量	占总数的百分比(%)
卵酱紫色	72	39.56
卵土黄色	54	29.66
卵深土黄色	23	12.64
卵吸收中	18	9.89
卵刚发育	9	4.95
卵无发育	6	3.30

在亲虾的繁殖过程中，了解性腺发育的颜色在生产实践中具有重要意义。只要通过亲虾卵的颜色就可以快速判断雌虾的性腺发育情况，为后面的产卵孵化做好准备。

最好不要挑选已经附卵甚至可见到部分小虾苗的亲虾（图 5-12）。因为这些小虾苗会随着挤压或运输颠簸而被压死或脱落母体死亡，而未死的亲虾，在到达目的地后也要打洞消耗体力而无法顺利完成生长发育。

（二）雌雄比例

雌雄比例根据繁殖方法的不同而有一定的差异，人工繁殖模式的雌雄比例以2：1为宜；半人工繁殖模式的以5：2或3：1为好；在自然水域中以增殖模式进行繁殖的雌雄比例通常为3：1（图5-13）。

图5-12　抱仔虾不选择为亲虾

图 5-13　在挑选时要注意小龙虾的雌雄配比

（三）选择标准

一是雌雄比要适当。

二是个体要大，雌雄个体都要在30～40克为宜。由于小龙虾寿命很短，个体大的虾已老化，投放后不久就会死亡，不仅不能繁殖，反而造成成虾数量减少，产量也非常低，因此不是越大越好（图5-14）。

三是要求颜色暗红或黑红色、有光泽，体表光滑而且没有纤毛虫等附着物。那些颜色呈青色的虾，看起来很大，但它们仍属壮年虾，一般还

图 5-14　挑选好的适宜的亲虾（雄）

要蜕壳 1 ~ 2 次后才能达到性成熟，宜作为商品虾出售。

四是健康要求严格，亲虾要求附肢齐全，螯足残缺的亲虾要坚决摒弃，亲虾健康无病，体格健壮，活动能力强，反应灵敏，用手抓时，它会竖起身子，舞动双螯保护自己，取一只放在地上，它会迅速爬走。

五是要了解小龙虾的来源、捕捞方式、离开水体的时间、运输方式等。药捕（如敌杀死、菊酯类药物捕捞）或电捕的小龙虾，坚决不能用作亲虾，离水时间过长（高温季节离水时间不超过 2.5 小时，一般情况下不超过 5 小时）、运输方式粗糙（过分挤压导致虾体受伤、过度风吹导致虾的鳃部呼吸功能受损）的不能作为亲虾。市场小龙虾由于多环节运输贩卖，一些不法商贩为保持其鲜活添加药物，这样的小龙虾不可选择。

四、亲虾的培育与繁殖

对于大规模养殖小龙虾，为了确保苗种的供应，持续生产，亲虾的培育和人工繁殖是非常重要的一环。稻田规模化养殖时，一般在连片稻田的一角（通常是看守房附近）开辟专门的小块稻田用于亲虾的培育和抱卵虾的孵化。

（一）亲虾的运输

1.挑选健壮、未受伤的小龙虾 在运输亲虾之前，从虾笼上小心地取下所捕到的小龙虾，选出体壮、未受伤的小龙虾放入有新鲜的流动水的容器或存养池中。如果是远距离运输，最好在清水中暂养 24 小时，再次选出体壮的小龙虾（图5-15）。

2．要保持一定的湿度和温度 运输小龙虾时，环境相对湿度70％～95％可以防止小龙虾脱水（图5-16），降低死亡率。运输时可以用水花生、蕰草等水草装在容器内，洒上水，运输时间不要超过5小时，如果超过5小时最好在中途暂养一下。

图5-15　运输前分拣小龙虾

图5-16　水草可以防止小龙虾失水

3．运输容器的选择 存放小龙虾的容器必须绝热、不漏水、轻便、易于搬运，能经受住一定的压力。目前使用比较多的是泡沫箱（图5-17）。每箱装虾15千克左右，夏天再装上2千克的冰块，用封口胶将箱口密封即可长途运输。

图5-17　小龙虾启运

带水运输适用于近距离、数量少时。用专用的虾篓（图5-18）、蒲包、网袋、木桶、蟹苗箱或改造后的啤酒箱也比较常见，但要注意单箱所装数量不要太多，不能过度挤压，在运输过程中及时洒水保湿。

图 5-18　竹篓运虾

4．试水后放养　从外地购进的亲虾，因离水时间较长，放养前应将虾种在稻田的虾沟内浸泡 1 分钟，提起搁置 2~3 分钟，再浸泡 1 分钟，如此反复 2~3 次，让亲虾体表和鳃腔吸足水分后再放养，以提高成活率。

（二）亲虾培育稻田的选择

为了保证亲虾的性腺发育良好，顺利繁殖，应集中培育。选择低洼稻田，每块培育田的面积以 1000~1334 平方米为宜，水深 1.2 米左右，田埂宽 1.5 米以上，硬沙质底，略平整更好，田埂的坡度 1：3 以上，有充足良好的水源，排灌方便（图 5-19）。建好注、排水口，加栅栏和过滤网或纱绢布过滤，防止敌害生物入田，同时防止青蛙入田产卵，避免蝌蚪残食虾苗。田埂四周用塑料薄膜或钙塑板搭建以防亲虾攀附逃逸（图 5-20）。田中多设一些小的田间埂，种植占虾沟水面 1/3~1/4 的水草，人工巢穴要密布整个田底，例如可放置扎好的草堆、树枝、竹筒、杨树根、棕榈皮、轮胎、瓦脊、切成小段的塑料管或用编织袋扎成束等作为亲虾的隐蔽物和虾苗蜕壳附着物，并用增氧机向池中间歇增氧。

图 5-19　培育亲虾的稻田

培育亲虾的稻田水质要求是溶氧量在 5 毫克 / 升以上，pH 在 6.5~8.0，水的硬度 50×10⁻⁴ 毫克 / 升以上，软水不利于小龙虾的生长和繁殖。加强水质管理，一是定期加注新水，及时提供新鲜水源。冲水刺激是亲虾培育的技术措施（图 5-21）。二是提供外源性微生物和矿物质，对改善水质大有裨益。三是坚持每半月换新水 1 次，每次换水 1 / 4；每 10 天用生石灰 15 克 / 米² 对水泼洒 1 次，以保持良好水质。四是晚上开增氧机，有条件的最好采取微流水的方式，一边从上部加进新鲜水，一边从底部排除老水，但一定要注意水的交换速度不能太快。

图 5-20　防逃措施要到位

图 5-21　冲水刺激是培育亲虾的技术措施之一

（三）亲虾放养

亲虾的放养工作适宜在每年的 8 ~9 月底进行，此时小龙虾还未进入洞穴容易捕捞放养。选择体质健壮、体质肥满结实、规格一致的虾种和抱卵亲虾放养（图 5-22）。

放养前一周，用 755 千克 / 公顷生石灰干塘消毒。消毒后注入经过滤（防野杂鱼入池）水至 1 米左右，施入腐熟畜禽粪 50 千克 / 公顷培肥水质。

图 5-22　放养前挑选亲虾

如果直接在稻田中抱卵孵化并培育幼虾，养殖成大虾的话，每 0.067 公顷放亲虾 25 千克，雌雄比例 3~2:1，放养前用 5 % 食盐水浸浴 5 分钟，杀灭病原体。如果在稻田中大批量培育苗种时，则每 667 平方米放亲虾 100 千克，雌雄比例 2:1。

10 月上旬开始降低水位，露出堤埂和高坡，确保它们离水面约 30 厘米，虾沟内的水深保持在 40 ～ 60 厘米，让亲虾掘穴繁殖。待虾洞基本掘好后，再将水位提升至 80 厘米左右。

(四) 性腺发育的检查

图 5-23　挖开洞穴，获取小龙虾

为了随时掌握亲虾的抱卵及发育情况，应对小龙虾的性腺发育随机检查。小龙虾的抱卵、孵化基本上是在洞穴中进行，因此可以挖开洞穴，提取样本检查（图 5-23）。

(五) 亲虾培育管理

为了保证幼虾在蜕壳期的安全，在人工繁殖期间最好不要放其他鱼。可投喂切碎的螺蚌肉、水丝蚓、蚯蚓、碎鱼肉、小鱼、小虾、畜禽屠宰下脚料、新鲜水草、豆饼、麦麸或对虾配合饲料等。日投喂量随着水温有一定的变化，每天早、晚各投喂1次，以傍晚为主，投喂量为池中虾总重量的 3 % ～ 4 % 左右，人工投饵或投饵机投料（图 5 - 24）。实际投饵量视前一天投喂的饵料是否剩余，剩余则要少投，没剩余就要多投，捕捞后要少投。同时，必须加投一定量的植物性饲料，将其扎成小捆沉于水底，没有吃完的在第二天捞出。此外，还要添加一些含钙的物质，以利于虾的蜕壳。

定期检查亲虾是培育管理中的要点。天然孵出的虾苗成活率低，在缺少食物时，亲虾 1 天可以吃掉 20 多只幼虾。此外，由于雌体产卵时间前后不一，必须定期检查暂养稻田内的亲体，挑出抱卵虾另养，未抱卵的放在原稻田中继续饲养。从实际操作结果看，以 15 天为一周期较合适。

（六）孵化与护幼

进入春季后，要坚持每天巡池，查看抱卵亲虾的发育与孵化情况，一旦发现有大量幼虾孵化出来后，可用地笼捕捞

图 5-24　　投饵机

起已繁殖过的大虾，操作要轻缓，避免损伤抱卵虾和刚孵出的仔虾。如果另有孵化稻田，可把抱卵亲虾依卵的颜色深浅分别投放在不同的孵化稻田中，放养密度为 5 只 / 米 ^{2}。同时要加强管理，适当降低水位 10 ～ 20 厘米，以提高水温，同时做好幼虾投喂工作和捕捞大虾的工作。在捕捞时要注意，小龙虾具有强烈的护幼行为，一旦遇到危险，就会迅速让幼虾躲藏在它的腹部附肢下（图 5-25），因此待幼虾长到一定大小时，最好先取走亲虾，然后再捕捉幼虾。

图 5-25　护幼的亲虾

春季定期检查亲虾的抱卵、发育及孵化清况，确定捕捞时间。

（七）及时采苗

稚虾孵化后在母体保护下完成幼虾阶段的生长发育。稚虾离开母体后能主动摄食，独立生活。此时一定要培养轮虫等小型浮游动物供刚孵出的仔虾摄食。在出苗前 3 ~5 天，从饲料专用池捕捞少量小型浮游动物和熟蛋黄、豆浆等及时供给仔虾、幼虾。当发现繁殖池中有大量稚虾出现时，应及时采苗，进行虾苗培育。

亲虾培育及繁殖流程图见图 5 -26 。

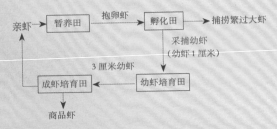

图 5-26　亲虾培育及繁殖流程

第六章　稻田幼虾培育

离开抱卵虾的幼虾体长约为 1 厘米，可以直接放入稻田中养殖，但由于此时的幼虾个体很小，游泳能力、捕食能力、对外界环境的适应能力、抵御躲藏敌害的能力都比较弱，如果直接放入大田养殖，成活率很低。因此有条件的地方可进行幼虾的强化培育，待幼虾 3 次蜕壳，体长达 3 厘米左右时，再将幼虾投到大田中养殖，可有效地提高成活率和产量。

一、幼苗的采捕

小龙虾幼苗的采捕工具主要有网捕和笼捕。

网捕方法很简单，一是用三角抄网(图6-1)抄捕，用手抓住草把，把抄网放在草下面，轻轻抖动草把，即可获取幼虾。二是用虾网诱捕，在专用的虾网上放置一块猪骨头或内脏，10 分钟后提起虾网，即可捕获幼虾。三是拉网捕捞，用一张柔软的丝质夏花苗拉网，从培育稻田的浅水端向深水端慢慢拖拉即可。

图6-1　三角抄网

笼捕时，要用特制的密网目制成的小地笼，为了提高捕捞效果，可在笼内放置猪骨头，间隔 4 小时后收笼。也可用竹蔑制成的小篓子，里面放上鸡鸭下脚料等，诱捕幼虾。

还有一种方法就是放水收虾，方法是将培育稻田的水放至仅淹住集虾槽，然后用抄网在集虾槽收虾，或者是用柔软的丝质抄网接在出水口，将培育池的水完全放光，让幼虾随水流入抄网即可。要注意的是，抄网必须放在一个大水盆内，抄网边缘露出水面，这样随水流放出的幼虾才不会因水流的冲击力受伤。

采捕好的虾苗见图6-2。

虾苗不容易运输，运输时间不宜超过3小时。根据安徽省滁州市水产技术推广站在2005年、2006年、2007年做了8次试验的情

图6-2　采捕好的虾苗

况来看，运输时间在1.5小时内，成活率达70%，运输时间超过3小时的死亡率高达60%，超过5小时后，下水的虾苗几乎死光。

此外干法运输（即无水运输）死亡率是非常高，建议养殖户采用带水充氧运输。

二、稻田培育幼虾

(一) 培育幼虾稻田的准备

面积1 000～1 667平方米为好，不宜太大，长方形（图6-3）。田埂坡度1:3～1:4，虾沟内的水深能保持1.2米，正常保

图6-3　培育幼虾的稻田

持在 0.7 米即可，池底要平坦，以沙土为好，淤泥要少，在培育池的出水口一端要有 2 ~ 4 平方米面积的集虾坑。防逃措施要到位。

　　水质要求清新无任何污染，含氧量保持在 5 毫克 / 升以上，pH 宜为7.0~9.0，最佳7.5~8.5，透明度35厘米左右。进水口用 20 ~40 目筛网过滤进水，防止昆虫、小鱼虾及卵等敌害生物随进水时入池中（图6-4）。

图6-4　进水时要用细网拦住，防止敌害生物入侵

放虾苗前 15 天，对稻田要清理消毒，用生石灰溶水后全田泼洒，生石灰用量为 100 千克 /667 米²。

图 6-5　水花生带是很好的水草

稻田四周投放一定数量的沉水性和漂浮性水生植物。在生产上我们一般设置水花生带，带宽 40～60 厘米（图6-5）。也可用水葫芦、浮萍、水浮莲等。也要保证稻田中有一定的菹草、金鱼藻、轮叶黑藻、伊乐藻、眼子菜等沉水性植物，将它们扎成一团，然后用小石块系好沉于水底，每 5 平方米放一团。水草移植面积占养殖总面积的 1／3 左右。虾沟中还可设置一些水平、垂直网片，增加幼虾栖息、蜕壳和隐蔽的场所。这些水生植物为幼虾提供攀爬、栖息和蜕壳时的隐蔽场所，还可作为幼虾的饲料，保证幼虾培育有较高的成活率。

每 667 平方米施腐熟的人畜粪肥或草粪肥 400～500 千克，培育幼虾喜食的天然饵料，如轮虫、枝角类、桡足类等浮游生物。

（二）幼虾放养

1. 幼虾要求　放养幼虾时，要注意同池中幼虾规格保持一致，体质健壮，无病无伤。

2. 放养时间　根据幼虾苗采捕而定，放养时间要选择在晴天早晨或傍晚，一般以晴天的上午 10 时为好。

3. 放养密度　每 667 平方米放养幼虾约 10 万尾左右。

4. 放养技巧 一是要带水操作，将幼虾投放在浅水水草区，投放时动作要轻快，避免幼虾受伤。二是要试温后放养，方法是将幼虾运输袋去掉外袋，将袋浸泡在培育池10分钟，然后转动一下再放置10分钟，待水温一致后再开袋放虾，确保运输幼虾水体的水温和培育田里的水温一致。

（三）幼虾培育管理

幼虾培育管理包括投喂、水质管理以及日常巡视等内容。

1. 饲料投喂 放苗前7天向培育稻田内追施发酵过的有机草粪肥，培肥水质，培育枝角类和桡足类浮游动物，为幼虾提供充足的天然饵料，也可从池塘或天然水域捞

图6-6 下脚料是幼虾培育的好饲料

取。在培育过程中投喂各种饵料，下脚料是幼虾培育的好饵料（图6-6）。严禁投喂腐败变质的饲料。

前期每天投喂3~4次，投喂量以每万尾幼虾0.15~0.2千克，沿稻田四周多点片状投喂。饲养中、后期要定时向稻田投施腐熟的草粪肥，一般每半月1次，每667平方米每次100~150千克。同时每天投喂2~3次糜状或软颗粒饲料，日投喂量每万尾幼虾为0.3~0.5千克，或按幼虾体重的4%~8%。白天投喂占日投饵量的40%，晚上占60%。

2. 水质调控

（1）注水与换水 虾苗下田后每周加注新水1次，每次5厘米，保持池水"肥、活、嫩、爽"，注水时可采用PVC管伸入田

中叠水添加的方法，这样既可增氧又可防止小龙虾外逃（图6-7）。

图6-7 叠水添加的进水管道

（2）调节pH 每半月左右泼洒生石灰水1次，每次用量为7~10千克/667米²，调节水质并增加水中钙离子含量，提供幼虾在蜕壳生长时所需的钙质。

3. 日常管理 加强巡田值班，早晚巡视，观察幼虾摄食、活动、蜕壳、水质变化等情况，并做好记录，发现异常及时采取措施。同时做好防逃、防鼠工作。

三、幼虾收获

培育池中收获幼虾，一是用密网片围绕小块稻田培育池拉网起捕；二是直接放水起捕，然后用抄网在出水口接住就行了，但要注意水流放得不能太快。

第七章 稻田成虾养殖

一、放养前准备

(一)清理、消毒、培肥

在放养小龙虾前 10 ~15 天，先清理一次环形虾沟和田间沟，主要是除去表层浮土，修正垮塌的沟壁等，同时每 667 平方米用生石灰 20 ~ 50 千克，或选用其他药物如鱼藤酮、茶粕、漂白粉等彻底消毒，从而杀灭黄鳝、泥鳅、鲶鱼等野杂鱼类、蛙卵和蛇、鼠等敌害生物及寄生虫等致病源。

在放养前 7~10 天，确保稻田中的水位在 15 ~ 20 厘米，在沟中每 667 平方米施禽畜粪肥 300 ~500 千克，以培肥水质，保证小龙虾有充足的活饵。同时每 667 平方米水体投放螺蛳 150 千克（虾沟内 200 ~300 千克，其他部分 100 千克），既可清洁水质，又是小龙虾的鲜活天然饵料（图7-1）。

图 7-1 投放的螺蛳

(二) 种植水草

"虾多少，看水草"。水草是小龙虾隐蔽、栖息、蜕壳生长的理想场所，水草也能净化水质，减低水体的肥度，对提高水体透明度、促使水环境清新有重要作用，同时也可作为小龙虾的重要补充饲料。在实际养殖中，我们发现在虾沟内种植水草能有效提高小龙虾的成活率、养殖产量和优质商品虾。因此种植水草对于稻田养殖龙虾是非常重要的，也是不可缺少的一个环节。水草移栽要求品种搭配合理，面积满足需要。

(三) 进水和施肥

在放苗前 7～15 天，向稻田中加注新水，确保秧苗处水深在 20 厘米以上。向稻田中注入新水时，要用 40~80 目纱布过滤，防止野杂鱼及鱼卵随水流进入稻田中。在进水完成后，施用发酵好的有机粪肥，如施发酵过的鸡、猪粪及青草绿肥等有机肥，施用量为每 667 平方米 300 千克左右，另加尿素 0.5 千克，使池水 pH 7.5～8.5，虾沟内的透明度 30～40 厘米，可以有助于培育轮虫、枝角类、桡足类等基础饵料生物供幼虾摄食。

(四) 防逃设施

防逃设施是保证产量的重要环节。虾簖和防逃沟是可以检查防逃效果的屏障（图7-2，图7-3）

图7-2 防逃沟

**图 7-3 田头沟用于检查防逃性能和捕捞野生
小龙虾的虾斛**

二、放养方法

(一) 放养时间

　　用于养殖成虾的种虾和部分供来年养殖用的亲虾的放养时间。不论是当年虾种，还是抱卵的亲虾，应力争一个"早"字。早放既可延长虾在稻田中的生长期，又能充分利用大量天然饵料。常规放养时间一般在每年 10 月份或翌年的 3 月底。也可以采取随时捕捞，及时补充的放养方式。

　　一种是在水稻收割后放养抱卵亲虾或大规格虾种（图7-4），主要是为翌年生产服务；另一种是在稻栽插后放养培育虾苗（图 7 - 5），主要是当年养成，部分可以为翌年服务。有的养殖户采用将抱卵亲虾直接放入外围大沟内饲养越冬，待翌年秧苗返青后再引诱虾入稻田生长，这种方法效果也很好。在 5 月份以后随时补放，以放养当年人工繁殖的稚虾为主。

图 7-4　刚收割后的稻田非常有利于虾的性腺发育

图 7-5　可在秧苗成活后放养虾

（二）投放苗（种）的要求及操作方法

1. 虾苗要求　投放的虾苗（种）的质量要求：一是体表光洁亮丽、肢体完整健全、无伤无病、体质健壮、生命力强。二是规格整齐，稚虾规格在 1 厘米以上，虾种规格在 3 厘米左右。同一稻田放养的虾苗虾种规格要一致，一次放足。三是虾苗虾种都为人工培育。放养的幼虾见图 7-6 。如果是野生虾种，应经过一段时间驯养后再放养，以免相互争斗残杀。

图 7-6　可以放养质量好的幼虾

2. 放苗（种）方法

（1）放养时间　在稻田放养虾苗，一般选择晴天早晨和傍晚或阴雨天进行，这时天气凉快，水温稳定，有利于放养的小龙虾适应新的环境。

（2）缓苗处理　在放养前要进行缓苗处理，方法是将苗种在池水内浸泡1分钟，提起搁置2～3分冲，再浸泡1分钟，如此反复2～3次，让苗种体表和鳃腔吸足水分后再放养，以提高成活率。

(3) 多点放养　放养时，沿沟四周多点投放，使小龙虾苗种在沟内均匀分布，避免因过分集中，引起缺氧窒息死亡。

(4) 虾苗试水及消毒　放养前用3%~5%食盐水浴洗10分钟，杀灭寄生虫和致病菌。另外很重要的一点就是小龙虾虾苗种在放养时要试水，试水安全后，才可投放幼虾。

(三) 放养密度

小龙虾放养密度取决于稻田的环境条件、饵料来源、虾种来源和规格、水源条件、饲养管理技术等。根据笔者的经验，如果是自己培育的幼虾，则要求放养规格在2~3厘米，每667平方米放养14 000~15 000尾。

稻田内幼虾的放养量可用下式估算。

幼虾放养量（尾）＝养虾稻田面积（667平方米）×计划667平方米产量（千克）×预计出池规格（尾／千克）／预计成活率（%）

式中：计划667平方米产量是根据往年已达到的产量，结合当年养殖条件和采取的措施，预计可达到的产量，一般为200~250千克；预计成活率一般可取40%；预计出池规格，根据市场要求，一般为30~40尾／千克

计算出来的数据可取整数放养。

(四) 亲虾放养时间的探讨

这里特指用于来年繁殖幼虾的亲虾的适宜放养时间。从理论上来说，只要稻田内有水，就可以放养亲虾，但从实际生产情况看，在每年的8月上旬到9月中旬放养的产量最高。原因一是因为此时温度比较高，稻田内的饵料比较丰富，为亲虾的繁殖和生长创造了非常好的条件；二是亲虾刚完成交配，还没有抱卵，投放到稻田后刚好可以繁殖出大量的小虾，到

图7-7　投放亲虾

翌年5月份长成成虾。如果推迟到9月下旬以后放养，有一部分亲虾已经繁殖，在稻田中繁殖出来的虾苗数量相对就要少一些。三是小龙虾的亲虾一般都是采用地笼捕捞，9月下旬以后小龙虾的运动量下降，地笼捕捞的效果不是很好，购买亲虾的数量就难以保证。

每667平方米放养规格为25~30尾/千克的虾种15~20千克，雌雄比例为3:1（图7-7）。投放后可少量投喂配合饲料。

三、亲虾暂养

由于亲虾放养与水稻移植有一定的时间差，因此暂养亲虾是必要的。目前常用的暂养方法有网箱暂养或田头土池暂养。网箱暂养时间不宜过长，因折断附肢且互相残杀现象严重，建议在田头开辟土池暂养。具体方法是亲虾放养前半个月，在稻田田头开挖一条面积占稻田面积2%~5%的土池，用于暂养亲虾。待秧苗移植1周且禾苗成活返青后，再将暂养池与土池挖通，并用微流水刺激，促进亲虾进入大田生长，通常称为稻田二级养虾法。稻田二级养虾法可以有效地提高小龙虾成活率和适应性。

四、加强科学管理

（一）水位调节和底质调控

水位调节，是稻田养虾过程中的重要一环，应以水稻为主，

图 7-8 秧田的水位可以调节至合适的位置

兼顾小龙虾的生长要求。小龙虾放养初期，田水宜浅，保持在 15 厘米左右，但因虾的不断长大和水稻的抽穗、扬花、灌浆需要大量水，将田水逐渐加深到 30~35 厘米。在水稻有效分蘖期采取浅灌，保证水稻的正常生长；进入水稻无效分蘖期，水深可调节到 30 厘米，既增加小龙虾的活动空间，又促进水稻的增产（图 7-8）。注意观察田沟水质变化，一般每 3~5 天加注新水 1 次；盛夏季节有条件的每 1~2 天加注 1 次新水，以保持田水清新，时间掌握在下午 13~15 时或下半夜。有条件的地方应提供微流水养殖。

为了保证水源的质量，保证稻田养虾时不相互交叉感染，要求进水渠道最好是单独专用的（图 7-9）。

图 7-9 独立进水渠道

为了保持虾田溶氧量在 5 毫克／升以上，pH7～8.5，要求每 20 天泼洒 1 次生石灰水，每次每 667 平方米用生石灰 10 千克。

底质调控主要措施有：适量投饵，减少剩余残饵沉底；定期使用底质改良剂（如投放过氧化钙、沸石等，投放光合细菌、活菌制剂）。

（二）投饵管理

首先通过施足基肥培育大批枝角类、桡足类以及底栖生物，同时在 3 月份还应放养螺蛳，移栽足够的水草，为小龙虾提供丰富的天然饵料。在人工饲料的投喂上，一般情况下，按动物性饲料 40 %、植物性饲料 60 %来配比。投喂要定时、定位、定量、定质。早期每天分上、下午各投喂 1 次；后期在傍晚 18 时投喂。日投饵量为虾体重的 3 %～5 %。坚持检查虾的摄食情况，当天投喂的饵料在 2～3 小时吃完，说明投饵量不足，应适当增加，如第二天还有剩余，则要适当减少。

虾沟较大，投喂不方便的稻田，可以用小船来投喂（图 7 -10）。可定点投喂在网格内，既便于查看，又便于清洁（图 7 -11）。

图 7-10 用来喂食和检查的小船

图 7-11 定点投喂网格

(三) 加强日常管理

日常管理工作必须做到勤巡田、勤检查、勤研究、勤记录等。

1. 做好看管工作 防盗防逃，减少损失。

2. 加强水草管理 根据水草的长势，及时在浮植区内泼洒速效肥料。肥液浓度不宜过大，以免造成肥害。水花生高25～30厘米时，及时收割，收割时须留茬5厘米左右。其他的水生植物，也要保持合适的面积与密度。

3. 加强蜕壳虾管理 小龙虾在适宜的环境中才能正常顺利蜕壳，要求浅水、弱光、安静、水质清新的环境和营养全面的优质适口饵料。

小龙虾蜕壳后，机体组织需要吸水膨胀，身体柔软无力，俗称软壳虾，在原地休息40分钟左右，才能爬动、钻入隐蔽处或洞穴中。因此在人工养殖时，促进小龙虾同步蜕壳和保护软壳虾是提高小龙虾成活率的关键技术之一。

小龙虾的蜕壳保护措施：一是为小龙虾蜕壳提供良好的环境，给予其适宜的水温、隐蔽场所和充足的溶氧。二是放养密度合理，避免相互残杀。三是放养规格尽量一致。四是每次蜕壳前，要投含有钙质和蜕壳素的配合饲料，促进小龙虾集中蜕壳。五是蜕壳期间，需保持水位稳定，一般不需换水，虾田中始终保持有较多水生植物如水花生、水浮莲等作为蜕壳场所，并保持安静。六是蜕壳后及时添加优质适口饲料防止相互残杀，促进生长。

4. 建立巡田检查制度 勤做巡田工作，检查虾沟、虾溜，发现异常及时采取对策。早晨主要检查有无残饵，以便调整当天的投饵量；中午测定水温、pH、氨氮、亚硝酸氮等有害物，观察田水变化；傍晚或夜间主要观察小龙虾活动及摄食情况。经常检查防逃设施，台风暴雨时应特别注意做好防逃工作。检查田埂是否塌漏，拦虾设施是否牢固，防止逃虾和敌害进入。加强检查，做好防偷、防稻田污染、防漏水。加强饲养管理日志等工作。

五、收获上市

（一）稻谷收获

稻谷收获一般采取田间打谷，确保田中不断水（图7-12）。采用收谷留桩的办法，收谷后将水位提高至40~50厘米，并适当施肥，促进稻桩返青，为小龙虾提供避荫场所及天然饵料（图7-13）；稻桩留得低，水淹的时间长导致稻桩腐烂，相当于施了农家肥，可以提高培育天然饵料的效果（图7-14），但要注意不能长期让水质过肥，可适当换水调节。

图7-12　在田间打谷，确保田中不断水

图 7-13 返青的稻桩可以为小龙虾提供隐藏和饵料　　图 7-14　经长时间水淹后稻桩腐烂，促进天然饵料的生长

(二)小龙虾收获

1. 捕捞时间　小龙虾生长速度较快，经 1~2 个月的饲养规格达 30 克以上成虾时，即可捕捞上市。在生产上，小龙虾从 4 月份就可以捕大留小了。收获以夜间昏暗时为好，符合规格的虾要及时捕捞，以降低稻田内虾的密度。

2. 地笼张捕　最有效的捕捞方式是用地笼张捕，地笼网是最常用的捕捞工具。每只地笼长约 10~20 米，分成 10~20 个方形格子，每只格子间隔的地方两面带倒刺，笼子上方织有遮挡网，地笼的两头分别圈成圆形，方便起获，地笼网以有结网为好。

　　头天下午或傍晚把地笼放入田边浅水有水草的地方，里面放进腥味较浓的鱼块、鸡肠等作诱饵效果更好，网衣尾部露出水面（图 7-15），傍晚时分，小龙虾出来寻食时，闻到腥味，寻味而至，碰到笼子后，笼子上方有网挡着，爬不上去，便四处找入口，就钻进了笼子，滑向笼子深处，成为笼中之虾。

第二天早晨就可以从笼中倒出小龙虾（图 7-16），然后分级处理，大的按级别出售，小的继续饲养，可以持续上市到 10 月底。每次的捕捞量非常少时，可停止捕捞。为了提高捕捞效果，每张笼子在连续张捕 5 天后，就要取出放在太阳下暴晒 1~2 天，然后换个地方重新下笼。

图 7-15　放地笼捕虾

图 7-16　早晨倒地笼

3. 手抄网捕捞　把虾网上方扎成四方形，下面留有带倒锥状的漏斗，沿稻田边缘地带或水草丛生处，不断地用杆子赶，虾进入四方形抄网中后提起网。这种捕捞法适宜用在水浅而且小龙虾密集的地方，特别是在水草比较茂盛的地方效果非常好。

4. 干沟捕捉　抽干稻田虾沟里的水，小龙虾便集中在沟底，用人工捕捉的方式。要注意的是，抽水之前最好先将沟边的水草清理干净，避免小龙虾躲藏在草丛中；抽水的速度最好快一点，以免小龙虾进洞。

5. 船捕　对于面积较大的稻田，可以利用小型捕捞船在稻田中央捕捞。

6. 迷魂阵捕虾　这种捕捞方法主要用于大面积规模化

养殖稻田。竹竿拉着网眼合适的渔网，在水面设一条长方形网阵，小龙虾只能进不能出，可以捕捞到一定规格的小龙虾。

（三）上市销售

商品虾通常用泡沫塑料箱干运，也可以用塑料袋装运，或用冷藏车装运。运输时保持虾体湿润，不要挤压，以提高运输成活率。为了提高销售收入，具体操作中，可以将小龙虾分拣出售（图7-17），在南方市场通常分为50~40只/千克、40~30只/千克、30~20只/千克、20只以内/千克等几个规格，不同的规格不同的价格（图7-18）。

图7-17　按规格分拣小龙虾

图7-18　分拣好可以上市的小龙虾

第八章 小龙虾的病害防治

由于小龙虾的适应性和抗病能力都很强，因此目前发现的疾病较少，常见的病和河蟹、青虾、罗氏沼虾等甲壳类动物疾病相似。

一、小龙虾主要疾病及防治

小龙虾比河蟹、青虾等水产品抗病能力强，但是人工养殖条件下，其病害防治不可掉以轻心，在这里，我们总结了近年来在全国各地发生的病害以及相关文献资料中的病害，以帮助养殖户更好地对症下药，科学治疗小龙虾的疾病。

(一) 疾病及症状特征图

1. 黑鳃病

症状特征：病虾鳃部颜色呈黑色，鳃内外布满菌丝，引起鳃萎缩、局部霉烂并分泌黏液，病虾往往行动迟缓，伏在岸边不动，最后因呼吸困难窒息而死，或因蜕壳受阻，导致死亡（图8-1）。

图8-1 黑鳃病

2. 烂鳃病

症状特征：病虾鳃丝呈灰黑色，镜检可见鳃丝坏死，局部有糜烂现象，并附有大量污物，造成鳃丝缺损，排列不整齐或鳃丝坏死失去呼吸机能，导致小龙虾吃食减少，活力差，最后死亡（图8-2）。

图8-2　烂鳃病

3. 纤毛虫病

症状特征：纤毛虫附着在虾和受精卵的体表、附肢、鳃上，形成淡黄色棉絮状物，当虫体寄生在鳃部时，可使鳃变黑，鳃组织变性或坏死，妨碍小龙虾的呼吸、游泳、活动、摄食和蜕壳，从而影响生长发育。病虾在早晨浮于水面，反应迟钝，行动迟缓，对外界刺激无敏感反应，大量附着时，蜕壳不能顺利进行，会引起小龙虾缺氧而窒息死亡。如虾苗感染，虾苗活力下降，虾苗密度逐渐变小，最后全军覆没（图8-3）

图8-3　纤毛虫病

4. 烂肢病

症状特征：腹部及附肢有溃疡性斑点，呈铁锈色或烧焦状，严重者可出现腐烂折断，并可能伴有腐壳、褐斑等症状，摄食量减少甚至拒食，活动迟缓，严重者会死亡（图8-4）。

图8-4　烂肢病

图 8-5 水霉病

图 8-6 肌肉坏死病

图 8-7 软壳病

图 8-8 蜕壳障碍病

5. 水霉病

症状特征：水霉菌丝侵入虾体后，蔓延扩展，向外生长成棉毛状菌丝，似白色棉毛。病虾焦躁不安，游动迟缓，食欲减退，伤口部位组织溃烂蔓延，严重者导致死亡（图 8-5）。

6. 肌肉坏死

症状特征：发病初期，病虾仅腹部肌肉出现不透明白色斑点，遇到捕捞或受惊时全身肌肉发白，后逐渐蔓延至虾体前部肌肉，病情严重的个体，全身肌肉变为不透明乳白色，导致肌肉坏死而死亡。病虾甲壳变软，生长缓慢（图 8-6）。

7. 软壳病

症状特征：患病虾的甲壳薄，明显变软，与肌肉分离，易剥离，活动缓慢，体色发暗，体形消瘦，常在沟边漫游，并有死亡现象（图 8-7）。

8. 蜕壳障碍病

症状特征： 病虾多在蜕壳过程中或蜕壳后死亡（图 8-8）。

（二）疾病流行特征及防治

1. 黑鳃病

（1）流行特点 10 克以上的小龙虾易受感染,6~7 月份是流行高峰期。

（2）预防措施 放养前彻底用生石灰 5~6 千克/667 米² 消毒,经常加注新水、保持水质清新。

保持饲养水体清洁,溶氧充足,水体定期洒一定浓度的生石灰,调节水质,避免水质被污染。

经常清除养虾稻田虾沟中的淤泥、残饵、污物,减少病原体繁殖机会。

种植水草或放养绿萍等水生植物。

（3）治疗方法 把患病虾放在每立方米水体 3%~5% 的食盐中浸洗 2~3 次,每次 3~5 分钟。

用生石灰 15~20 毫克/千克全池泼洒,连续 1~2 次。

用二氧化氯 0.3 毫克/升浓度全池泼洒消毒,并迅速换水。

用二溴海因 0.1 毫克/升或溴氯海因 0.2 毫克/升全池泼洒,隔天再用 1 次,可以起到较好的治疗效果。

用 15 毫克/升的聚维酮碘全池泼洒。

在缺乏维生素 C 时应在饲料中添加维生素 C, 或投喂富含维生素 C 的饲料。

2. 烂鳃病的诊断及防治

（1）流行特点 小龙虾都能感染。主要流行期为 5~7 月份,病程呈慢性。

（2）预防措施 平时注意保持养虾田的良好水质,及时清除沟中的残饵、污物,注入新水,保持良好的水体环境,则很少发生此病。

种植水草或放养绿萍等水生植物,使水质变清、变爽。

每667平方米用生石灰100~150千克清沟消毒,或用漂白粉10~15千克在稻田中均匀泼洒,做到彻底消毒。

加强沟底改良措施,如是铁离子高,要先想法降解金属离子;如是酸性大,要用生石灰中和酸性或使用水质改良剂改良水质。

苗种下塘前用2%~3%的食盐水浸泡10~15分钟。

每半月泼洒一次生石灰或漂白粉,交替使用。生石灰用量每667平方米水深(虾沟)1米8~10千克,漂白粉用量1~1.5毫克/升。

(3)治疗方法 立即换水,尽量全部换去底层水。

内服氟苯尼考、维生素C、大蒜、鱼油等"药饵"。

全池泼洒二溴海因0.1毫克/升或溴氯海因0.2毫克/升全虾沟泼洒,隔天再用1次,结合内服虾康宝0.5%、维生素C脂0.2%、鱼虾5号0.1%、双黄连抗病毒口服液0.5%、虾蟹蜕壳素0.1%,可以起到较好的治疗效果。

按每立方米养殖水体2克漂白粉用量,溶于水中后泼洒,疗效明显。

施用池底改良活化素20~30千克/667米²+复合芽胞杆菌250克/667米²,以改善底质和水质。

聚维酮碘(有效碘10%)0.2毫克/升全池泼洒,重症连用2次。

二氧化氯2~3毫克/升浸洗病虾10分钟。

在饲料中加入2‰的复方新诺明或0.5‰磺胺嘧啶+0.5‰诱食剂。每日投喂1次,10天为一疗程。

3. 甲壳溃烂病的诊断及防治

(1)流行特点 在各地都有发生,主要流行期5~8月份。

所有的小龙虾都能感染。

（2）预防措施　尽量使虾体不受或少受外伤,改善水质条件,精心管理、喂养,提供足量的隐蔽物。在养殖环节中操作时,动作要轻缓,尽量减少损伤,在运输和投放虾苗虾种时,不要堆压和损伤虾体。

控制小龙虾种苗放养密度,做到合理密养。

保持水质清新,氧气充足,饵料新鲜。

水体用二氧化氯(或强氯精、漂白精等)消毒,并投喂药饵10~14 天。

每 667 平方米用 5~6 千克的生石灰全虾沟泼洒。定期给虾田加换新水,每月泼洒 1 次浓度为 25 毫克/升的生石灰,改良水质。

饲料要充足供应, 防止小龙虾因饵料不足相互争食或残杀。注重饵料、用具卫生,实行"四定"投饵,避免残饵污染水质。

（3）治疗方法　在每千克饲料中添加 0.5 克土霉素投喂,连用 2 周为一个疗程。

用 0.3 毫克/升的二溴海因或 0.15 毫克/升的聚维酮碘全田泼洒,情况严重者可酌情再用一次。

外用药物的同时,在每千克的饲料中添加中水虾菌宁 2~4 克和中水虾宁 20 克,连喂 5~7 天为一疗程。

用浓度为 20~25 毫克/升的 40%甲醛溶液和浓度为 1~2.5 毫克/升的二溴海因混合后全田泼洒。

4. 烂尾病的诊断及防治

（1）症状特征　感染初期病虾的尾扇有水疱,导致虾体尾扇边缘溃烂、坏死或残缺不全,随着病情的恶化,溃烂由边缘向中间发展,严重感染时,病虾整个尾部溃烂掉落。

（2）**流行特点** 5~8 是流行高峰期。全国各地的小龙虾均发生此病。在虾蜕壳时更易发生。

（3）**预防措施** 运输和投放虾苗虾种时,不要堆压和损伤虾体。

饲养期间饲料要投足、投匀,防止小龙虾因饲料不足相互争食或残杀。

合理放养,控制放养密度,调控好水源,合理投饲。

生石灰 5~6 千克/667 米²,全田泼洒。

（4）**治疗方法** 每立方米水体用茶粕 15~20 克浸液全田泼洒。

每 667 平方米水面用强氯精等消毒剂化水全田泼洒,病情严重的连续 2 次,中间间隔 1 天。

内服药物用盐酸环丙沙星按 1.25~1.5 克/千克拌料投喂,连喂 5 天。

全田泼洒二溴海因 0.3 毫克/升。

每千克饲料中添加中水复合维生素 C 2 克,连用 5~7 天为一疗程。

5. 出血病的诊断及防治

（1）**症状特征** 病虾体表布满了大小不一的出血斑点,特别是附肢和腹部,肛门红肿。

（2）**流行特点** 6~7 月份为主要发病期。

（3）**预防措施** 此病来势凶猛,发病率高,一旦染病,很快就会死亡。发现生病的小龙虾时,要及时隔离。

对虾沟水体整体消毒,水深 1 米的沟,用生石灰 25~20 千克/667 米² 全沟泼洒,最好每月泼洒一次。

（4）**治疗方法** 内服药物用盐酸环丙沙星按 1.25~1.5 克/千克拌料投喂,连喂 5 天。

6. 纤毛虫病的诊断及防治

（1）流行特点　成虾、幼虾和虾卵都能感染。

在有机质多的水中极易发生。全国各地均能发生此病。

（2）预防措施　彻底清理虾沟并消毒，杀灭沟中的病原菌，经常加注新水，降低水的有机质含量，保持水质清新。

在养殖过程中经常采用池底改良活化素、光合细菌、复合芽孢杆菌，改善水质和底质。

合理投饵，促使虾蜕壳。在饲料中添加鱼虾 5 号 0.1%、虾蟹蜕壳素 0.1%、虾康宝 0.5%、维生素 C 脂 0.2%，以利于蜕壳除掉纤毛虫。

养虾稻田必须经常补充钙质。一般每隔 15~20 天用生石灰化水全田泼洒一次，用量为 5~8 千克/667 米^2。

全田用硫酸铜（或硫酸锌、纤虫净等）化水全池泼洒，用量按规定剂量。

勤换水，使养虾稻田水质清新。

（3）治疗方法　用硫酸铜、硫酸亚铁（5:2）0.7 毫克/千克全池泼洒。

用 3%~5% 的食盐水浸洗，3~5 天为一个疗程。

用 25~30 毫克/升的 40% 甲醛溶液浸洗 4~6 小时后，换 1 次水，连续 2~3 次。

用 20~30 克/米^3 生石灰全虾沟泼洒，连续 3 次。

全田泼洒农康宝 1 号 0.2 毫克/升，隔天全田泼洒二溴海因 0.2 毫克/升。

茶籽饼浸液全田泼洒，浓度为 10~15 毫克/升，促使小龙虾蜕壳，蜕壳后换水。

每立方米水体用 40% 甲醛溶液 10~25 克全田泼洒。

将患病的小龙虾在 2×10^{-8} 醋酸溶液中药浴 1 分钟，大部分固着类纤毛虫即被杀死。

纤虫净或甲壳宁 0.3~0.4 毫克/升使用 1 次，隔日用 0.3~0.4 毫克/升三氯异氰脲酸泼洒 1 次，可治愈。

可用硫酸铜或硫酸锌、纤虫净等将虫体杀灭，再用水体消毒剂灭菌。

每立方米水体用甲壳净或甲壳尽 0.2 克全田泼洒，病情严重时连用 2 次。

每立方米水体用杀灭海因 0.4~0.6 克全田泼洒。

7. 烂肢病的诊断及防治

（1）预防措施 注意在捕捞、运输、放养等养殖过程中要小心，不要让小龙虾受伤。

放养前用 3%~5% 的盐水浸泡数分钟。

加强水质管理，用池底改良活化素结合光合细菌或复合芽孢杆菌调节水质。

（2）治疗方法 全田泼洒二溴海因 0.2 毫克/升。

全田泼洒聚维酮碘溶液 300 毫升/667 米²。

同时饲料中添加鱼虾 5 号 0.1%、虾蟹蜕壳素 0.1%、虾康宝 0.5%、维生素 C 脂 0.2%、抗病毒口服液 0.5%、营养素 0.8%。

发病后用生石灰 10~20 克/米³ 全虾沟泼洒，连施 2~3 次。

8. 水霉病的诊断及防治

（1）流行特点 该病主要发生于水环境恶化或水温较低（15℃~20℃）时，特别是阴雨天。

发生期 3~4 月份，病程呈慢性。

（2）预防措施 用生石灰彻底清理虾沟并消毒。

苗种在起捕、运输、放养时操作过程中小心仔细，谨防虾体受伤。

用 40%甲醛溶液 20~25 毫克/升全田泼洒,24 时后换水,换水量一半以上。

虾苗在过数、运输中,一般多少有些损伤,所以虾苗进池后,可泼洒些消毒药物(如强氯精、漂粉精、二氧化氯等)。

大批蜕壳期间,增加动物性饲料,减少同类互残。

(3)治疗方法 用亚甲基蓝 0.3~0.5 毫克/升化水全田泼洒,连用 3 天。

双季铵碘或二氧化氯 0.3~0.4 毫克/升全田泼洒,连用 2 次。

用 3%~5%食盐水溶液浸洗 5 分钟。

9. 肌肉坏死病的诊断及防治

(1)流行特点 此病在幼体、虾苗、成虾中均可出现。

全国各地均能发生。

(2)预防措施 在亲虾运输、幼体下田时注意水的温差不能太大,平时保持水质清新,溶氧充足,可减少发病。放养密度要适当,避免过密。养殖稻田在高温季节要防止水温升高过快或突然变化,应经常换水,注入新水及人工增氧。改善环境条件,保持水质良好能预防此病发生。

(3)治疗方法 全池泼洒硬壳宝 1~2 次,然后用双季铵碘 0.3~0.4 毫克/升,消毒 2~3 次,一般可治愈。

10. 软壳病的诊断及防治

(1)流行特点 幼虾易感染。

(2)预防措施 当水质不良时,应先大量换水,改善养殖水质。

施用复合芽孢杆菌 250 毫升/667 米^2,促进有益藻类的生长,并调节水体的酸碱度。

在饵料中添加藻类或卵磷脂、豆腐均可减少该病发生,也可在虾饵中添加蜕壳素来预防。

(3)治疗方法 全田泼洒池底改良活化素 20 千克/667 米²。

在饵料中添加鱼虾 5 号 0.1%、虾蟹蜕壳素 0.1%、虾康宝 0.5%、维生素 C 脂 0.2%、营养素 0.8%,提高各种微量元素的含量。

用浓度为 5 毫克/升的茶粕浸浴,以刺激蜕壳。

11. 蜕壳障碍病的诊断及防治

(1)流行特点 全国各地均有流行。

(2)预防措施 在饵料中添加藻类或卵磷脂、豆腐均可减少该病发生,也可在虾饵中添加蜕壳素来预防。

供应优质饵料,增加营养,补充含有卵磷脂的饵料。

当水质不良时,应大量换水来改善水质。

(3)治疗方法 用浓度为 5 毫克/升的茶粕浸浴,以刺激蜕壳。

12. 烂眼病的诊断及防治

(1)症状特征 病虾行动呆滞、翘首、伏于田底或水草上,不时浮于水面狂游,或翻滚。眼球受损、肿胀,角膜颜色由黑色变为褐色,严重者眼球溃烂,有的只剩下眼柄。

(2)流行特点 全国各地均有。6~7 月份是主要流行期。

(3)预防措施 彻底清理虾沟,合理放养密度,改善进排水条件,以保持良好水质。

投喂优质及适量的饵料,严防投饵过量,造成残饵分解,败坏水质。

尽可能避免水温等环境条件发生突然变化。

(4)治疗方法 每 667 平方米每米水深用漂粉精 0.35 千

克化水全田泼洒,每隔 1~2 天泼 1 次,连泼 2~3 次。同时投喂药饵 5~7 天。

13. 生物敌害的防治

主要有水蛇、青蛙、蟾蜍、老鼠、水蜈、鸟类等都是小龙虾的敌害,在积极预防的同时还要捕杀。

部分鱼类尤其是动物食性的凶猛鱼类也是天敌,它们主要是乌鳢、鳜鱼、鲶鱼、黄鳝、鲈鱼和泥鳅等,如果在稻田中发现有此类鱼类活动,要及时捕杀。养虾稻田在进水时,为防止小害鱼及鱼卵进入田内,进水口要设置栏网。如发现田里有小害鱼及鱼卵,则要用 2 毫克/升鱼藤精消毒除害。

一些家禽也是养小龙虾的大害,比如鸭子是绝对不能进入养虾稻田的。

防治方法:建好防逃墙,并经常维护检查。进水口严格过滤,防治凶猛鱼类混入。采取“捕、诱、赶、毒”等方法处理敌害。

对于鸟类、鹭类和鸥类水鸟是对小龙虾危害较大的敌害。由于多数是自然保护对象,惟有用恫吓的办法控制,可用稻草人或用已经死亡的鸟挂在网上的方法来吓唬其他的鸟。

14. 水网藻和水绵的防治

虽然部分水绵和水网藻可以为小龙虾提供一定的食物来源,但是覆盖面过大时就会遮住水面,影响水中溶氧和阳光的通透性,对小龙虾的生长发育极为不利,所以一旦水网藻过多时就要人工捞走。

二、病害原因

由于小龙虾患病初期不易发现,一旦发现,病情已经不轻,用药治疗作用较小,不能及时治愈,大批死亡而使养殖者陷入困境。所以防治小龙虾疾病要采取"预防为主、防重于治、全面预防、积极治疗",控制虾病的发生和蔓延。

小龙虾发病原因既有外因也有内因。

(一)环境因素

影响小龙虾健康的环境因素主要有水温、水质等。

1. 水温 小龙虾是冷血动物,在正常情况下,体温随外界环境,尤其是随水体温度变化而改变。当水温发生急剧变化时,机体由于适应能力不强而发生病理变化乃至死亡。例如小龙虾苗在入虾沟时要求温差低于 3℃,否则会因温差过大而生病,甚至大批死亡。

2. 水质 小龙虾为维护正常的生理活动,要求有适宜的水环境,水质的好坏直接关系到小龙虾的生长。影响水质变化的因素有水体的酸碱度(pH)、溶氧(D·O)、有机耗氧量(BOD)、透明度、氨氮含量及微生物等理化指标。因此要加强水质检验。

3. 化学物质 稻田水化学成分的变化往往与人们的生产活动、周围环境、水源、生物活动(鱼虾类、浮游生物、微生物等)、底质等有关。如虾沟长期不清塘,沟底堆积大量没有分解的剩余饵料、水生动物粪便等,这些有机物在分解过程中,会大量消耗水中的溶解氧,同时还会放出硫化氢、沼气、碳酸气等有害气体,毒害小龙虾。有些地方,土壤中重金属盐(铅、锌、汞等)含量较高,在这些地方开挖虾沟,容易引起重金属中毒。另外工厂、矿山和城市排出的工业废水和生活污水日益增多,这些废水进入养虾稻田,轻则引起小龙虾的生长不适,重则引起大量死亡。

(二)病 原 体

导致小龙虾生病的病原体有真菌、细菌、病毒、原生动物等,这些病原体是影响小龙虾健康的罪魁祸首。另外,还有些直接吞食或直接为害小龙虾的敌害生物,如稻田内的青蛙会吞食软壳小龙虾,稻田里如果有黄鳝或乌鳢生存时,对小龙虾的为害也极大。

病原体传染力的大小与病原体在宿主体内定居、繁衍以及从宿主体内排出的数量有密切关系。水体条件恶化,有利于寄生生物生长繁殖,其传染能力就较强,对小龙虾的致病作用也明显;如果利用药物杀灭或生态学方法抑制病原体活力来降低或消灭病原体,虾病发生机会就降低。因此,切断病原体进入养殖水体的途径,有的放矢地进行生态防治、药物防治和免疫防治,将病原体控制在不危害小龙虾的程度以下,才能减少小龙虾疾病的发生。

(三)自身因素

小龙虾自身因素的优劣是抵御外来病原菌的重要因素,一尾身体健康的小龙虾能有效地预防部分虾病的发生,值得注意的是软壳虾对疾病的抵抗能力就要弱得多。

(四)饲养管理因素

1. 操作不慎 在饲养过程中,经常要给养虾稻田换水、用药、晒田、捞虾、运输、冲水等,有时会因操作不当或动作粗糙,导致碰伤小龙虾,造成附肢缺损或自切损伤,这样很容易使病菌从伤口侵入,感染患病。

2. 外部带入病原体 从自然界中捞取活饵、采集水草和投喂时,由于消毒、清洁工作不彻底,可能带入病原体。另外病虾用过的工具未经消毒造成重复感染或交叉感染。

3. 饲喂不当 开展稻田大规模养虾基本上是靠人工投喂饲养,如果投喂不当,投食被污染或变质的饲料,或饥或饱及长期投喂干饲料,饲料品种单一,饲料营养成分不足,缺乏动物性饵料和合理的蛋白质、维生素、微量元素等,都会造成小龙虾营养缺乏,体质衰弱,容易感染患病。同时投喂不当也易引起水质腐败。

4. 放养不合理 合理的放养密度和混养比例能够增加虾产量,但放养密度过大,会造成缺氧,并降低饵料利用率,引起小龙虾的生长速度不一致,大小悬殊,同时由于虾缺乏正常的活动空间,会使其正常摄食生长受到影响,抵抗力下降。另外不同规格的小龙虾在同一场所饲养,在饵料不足的情况下,易发生以大欺小和相互残杀现象,造成较高的发病率。

5. 饲养稻田及进排水系统设计不合理 饲养稻田特别是虾沟底部设计不合理时,不利于沟中的残饵、污物的彻底排除,易引起水质恶化使虾发病。如果连片大规模养虾时,进排水系统没有独立性,一旦一块稻田的虾发病往往也传播到另一稻田,导致疾病传播。

6. 消毒不够 虾体、田水、食场、食物、工具等消毒不够,会使虾的发病率大大增加。

7. 捕捞时溺死 这主要表现在捕捞时,地笼张捕时间过长,而且长期将笼子的口部闷在水里,导致进入地笼的幼虾和软壳虾长期挤压或得不到充足的溶氧而溺死。解决方法一是勤巡田,二是勤倒笼,三是将地笼口部轻轻抬起并固定在某一附着物上露出水面。

三、小龙虾疾病的预防措施

小龙虾疾病的生态预防是"治本",而积极、正确、科学地利用药物治疗鱼病则是"治标",对疾病防治应本着"防重于治、防治结合"的原则,贯彻"全面预防、积极治疗、标本兼治"的方针,对疾病进行有效预防和治疗,是降低或延缓疾病蔓延、减少损失的必要措施。目前常用的预防治措施和方法有以下几点。

(一)稻田处理

小龙虾进虾沟前都要对稻田尤其是虾沟消毒处理,消毒方法可采用常规池塘养鱼的通用方法,也就是生石灰清塘和漂白粉清塘,生石灰清塘又可分为带水清塘和干法清塘。

生石灰干法消毒:在虾苗虾种放养前 20~30 天,排干田水,保留淤泥 5 厘米左右,每 667 米² 用生石灰 75 千克,化水后乘热全池泼洒,最好用耙再耙一下效果更好,然后再经 3~5 天晒塘后,灌入新水。

生石灰带水消毒:每 667 平方米水面水深 0.5 米时,用生石灰 125 千克溶于水中后,全池均匀泼洒,用带水法消毒虽然工作量大一点,但它的效果很好,可以把石灰水直接灌进田埂边的鼠洞、蛇洞里,能彻底地杀死病害和敌害,但是这种方法千万不能在 8 月底到翌年的 3 月份使用,因为这时的亲虾基本上都是在洞穴中生活,如果把石灰水直接灌进田埂边的洞里时,可能会造成玉石俱焚的后果,将小龙虾全部毒杀死。

漂白粉消毒:在使用前先对漂白粉的有效含量进行测定,在有效范围内(含有效氯 30%),将漂白粉完全溶化后,全田均匀泼洒,用量为 25 千克/667 米²,漂白精用量减半。

生石灰和茶碱混合消毒:此法适合稻田进水后用,把生石灰和茶碱放进水中溶解后,全池泼洒,生石灰每 667 米² 用量 50 千克,茶碱 10~15 千克。

另外用茶饼清塘消毒,效果也很好。

(二)加强饲养管理

小龙虾生病,可以说大多数是由于饲养管理不当而引起的。所以加强饲养管理,改善水质环境,做好"四定"的投饲技术是防病的重要措施之一。

定质:饲料新鲜清洁,不喂腐烂变质的饲料。

定量:根据不同季节、气候变化、小龙虾食欲反应和水质情况适量投饵。

定时:投饲要有一定时间。

定点:设置固定饵料台,可以观察小龙虾吃食,及时查看小龙虾的摄食能力及有无病症,同时也方便对食场进行定期消毒。

(三)控制水质

"治病先治鳃,治鳃先治水",对小龙虾而言,鳃比心脏更重要,鳃病是引起小龙虾死亡的最重要病害之一。鳃不仅是氧气和二氧化碳进行气体交换的重要场所,也是钙、钾、钠等离子交换及氨、尿素排泄的场所。因此,只有尽快地治疗鳃病,改善其呼吸代谢机能,才能有利于防病治病。要想小龙虾有个好的鳃,那就必须有个好的养殖用水环境。

小龙虾养殖用水,一是要杜绝和防止引用工厂废水,使用符合要求的水源。二是要定期换冲水,保持水质清洁,减少粪便和污物在水中腐败分解释放有害气体,从而调节稻田水质。三是可定期用生石灰全池泼洒,或定期泼洒光合细菌,消除水体中的氨氮、亚硝酸盐、硫化氢等有害物质,保持田水的酸碱度平衡和溶氧水平,使水体中的物质始终处于良性循环状态,解决水质老化等问题。

(四)做好药物预防

1. 小龙虾消毒 在小龙虾投放前,最好对虾体科学消毒,常用方法是用 3%~5% 的食盐水浸洗 5 分钟。

2. 工具消毒 日常用具,应经常暴晒和定期用高锰酸钾、敌百虫溶液或浓盐开水浸泡消毒。尤其是接触病虾的用具,更要隔离消毒专用。

(五)提供优质生活环境

主要是提供它所需要的水草或洞穴等。一是人工栽草,二是利用自然水草,三是利用水稻秸秆等。

附录1 NY 5170—2002
无公害食品 小龙虾

1 范围

本标准规定了无公害食品小龙虾的要求、试验方法、检验规则、标志、包装及运输。

本标准适用于小龙虾活体。

2 规范性引用文件

下列文件中的条款通过本标准的引用而成为本标准的条款。凡是注日期的引用文件,其随后所有的修改单(不包括勘误的内容)或修订版均不适用于本标准,然而,鼓励根据本标准达成协议的各方研究是否可使用这些文件的最新版本,凡是不注日期的引用文件,其最新版本适用于本标准。

GB 4789.1 食品卫生微生物学检验 总则

GB 4789.2 食品卫生微生物学检验 菌落总数测定

GB 4789.20 食品卫生微生物学检验 水产食品检验

GB/T 5009.11 食品中总砷的测定方法

GB/T 5009.12 食品中铅的测定方法

GB/T 5009.15 食品中镉的测定方法

GB/T 5009.17 食品中总汞的测定方法

GB/T 5009.19 食品中六六六、滴滴涕残留量的测定方法

3 要求

3.1 产品来源

小龙虾应来自于无明显污染的水域,捕捞方法应无毒无污染。

3.2 感官要求

小龙虾感官要求见表1。

表1 感官要求

项目	要求
活力	活力正常,反应敏捷
体色	头胸甲、腹甲及螯足、步足呈红色或浅红褐色,腹部呈白色。
体表	体表光洁,无附着物,无黑垢或附少量黑垢,甲壳光泽良好
气味	气味正常,无异味
鳃	鳃丝清晰,无异物,无异臭味,灰白色或土黄色

3.3 安全指标

小龙虾安全指标见表2。

表2 安全指标

项目	要求
砷(以 As 计)/(毫克/千克)	≤0.5
汞(以 Hg 计)/(毫克/千克)	≤0.5
铅(以 Pb 计)/(毫克/千克)	≤0.5
镉(以 Cd 计)/(毫克/千克)	≤0.5
六六六/(毫克/千克)	≤2
滴滴滋/(毫克/千克)	≤1
菌落总数/(个/克)	≤106

4 试验方法

4.1 感官检验

在光线充足、无异味的环境中,将试样置于白色搪瓷盘或不锈钢工作台上进行感官检验。

4.2 砷

按 GB/T　5009.11 的规定执行

4.3　汞

按 GB/T　5009.17 的规定执行

4.4　铅

按 GB/T　5009.12 的规定执行

4.5　镉

按 GB/T　5009.15 的规定执行

4.6　六六六、滴滴涕

按 GB/T　5009.19 的规定执行

4.7　菌落总数

按 GB4　789.2 的规定执行

5　检验规则

5.1　组批规则与抽样方法

5.1.1　组批规则

小龙虾以同一区域同一时间收获的未经分拣或已按规格分拣过的小龙虾为一个批次。

5.1.2　抽样方法

每批产品随机抽取 20 只,用于感官检验

每批产品随机抽取至少 50 只,用于安全指标检验。

用于微生物检验样品的抽取应符合 GB　4789.1 的规定。

5.1.3　试样制备

5.1.3.1　用于安全指标检验的样品:至少取 50 只小龙虾清洗后,去头剥壳抽肠腺,将所得虾肉绞碎混合均匀后备用;试样量为 400 克,分为两份,其中一份用于检验,另一份作为留样。

5.1.3.2　用于微生物检验的样品，按 GB　4789.20 的规定执行。

5.2　检验分类

产品检验分为出厂检验和型式检验。

5.2.1 出厂检验

每批产品应进行出厂检验,出厂检验由生产者执行,检验项目为感官指标。

5.2.2 型式检验

有下列情况之一时应进行型式检验,检验项目为本标准中规定的全部项目。

新捕捞区域捕捞的小龙虾;

正常生产时,每年至少一次的周期性检验;

小龙虾捕捞区域条件发生变化,可能影响产品质量时;

出厂检验与上次型式检验有大差异时;

国家质量监督机构提出进行型式检验要求时。

5.3 判定规则

5.3.1 感官检验所检项目应全部符合第3.1条规定;检验结果中有两项及两项以上指标不合格,则判为不合格;有一项指标不合格,允许重新抽样复检,如仍有不合格项则判为不合格。

5.3.2 安全指标的检验结果中有一项指标不合格,则判本批产品不合格,不得复验。

6 标志、包装、运输

6.1 标志

标明产品名称、产地及捕捞日期

6.2 包装

包装材料应卫生、洁净,并有利于虾体保活。

6.3 运输

在清洁的环境中装运,保证存活,运输工具在装货前应清洗、消毒,做到洁净、无毒、无异味。运输过程中,防温度剧变、挤压、剧烈震动,不得与有害物质混运,严防运输污染。

附录2　小龙虾稻田养殖
技术操作规程

前　言

为了使养殖户能较好地掌握小龙虾的养殖技术,促进小龙虾养殖业的健康稳定发展,特制定本标准。

本标准由安徽省滁州市农业委员会渔业局、安徽省天长市农业委员会水产技术指导站提出。

本标准归口单位:安徽省农业标准化技术委员会。

本标准起草单位:安徽省滁州市农业委员会渔业局、安徽省天长市水产技术指导站。

本标准主要起草人:占家智　羊茜。

本标准为首次发布。

1　范围

本标准规定了小龙虾稻田养殖池的要求、水草栽培、生物饵料培养、苗种放养、饵料投喂、水质管理、捕捞、病害防治等操作规程。

本标准适用于小龙虾的稻田养殖。

本标准适用于小龙虾的专养、混养、轮养等多种养殖模式。

2　规范性引用文件

下列文件中的条款通过本标准的引用而成为本标准的条款。凡是注日期的引用文件,其随后所有的修改单(不包括勘误的内容)或修订版均不适用于本标准,然而,鼓励根据本标准达成协议的各方研究是否可使用这些文件的最新版本。凡是不注日期的引用文件,其最新版本适用于本标准。

NY 5070—2002 无公害食品 水产品中渔药残留限量。

NY 5071—2002 无公害食品 渔用药物使用准则。

NY 5072—2002 无公害食品 渔用配合饲料安全限量。

3 术语和定义

下述术语和定义适用于本标准。

小龙虾:我国地方俗称,学名克氏原螯虾,隶属甲壳动物纲、十足目、螯虾科,以下均简称小龙虾。

小龙虾稻田养殖:指按标准方法准备养虾稻田,投放规格整齐的虾种和配养鱼种(如鲢、鳙等),以新鲜的、常见的、质优价廉的动、植物饵料或营养完全、物理性状好的颗粒饲料,按设定的计划与方法饲养小龙虾,在一个养殖年度收获商品虾多次。

4 稻田要求

4.1 地点选择

水源充足、排灌方便、无污染、旱涝保收、交通便利。

4.2 稻田工程

田块四周挖一道围沟,沟宽 1 米,深 0.5 米,中间开挖"十"字形沟通向围沟,沟宽 0.5 米,深 0.3 米,挖沟取土堆放在一侧,形成田间小埂或田中小岛以供小龙虾栖息、活动与觅食,并减少溜边和外逃机会。

4.3 防逃设施

田埂上围起高 60 厘米,基部入土 25 厘米的塑料板、水泥板、砖砌防逃墙。注、排水口用密网封口扎牢。

5 清整虾沟

将虾沟内的水排干,除去一层沟底污泥,修整田埂。

6 药物清理

按 NY 5071—2002 标准执行。稻田按实际水体计算。

7 水草栽培

需要在虾沟、虾溜内种植各种水草,按照它们不同的生长特性和生长季节科学栽培。

8 投放螺蛳

每 667 米² 投放活螺蛳 300 千克。

9 虾种放养

投放幼虾或亲虾。

9.1 放亲虾

在上年的 8~9 月份,每 667 米² 投放规格为 10~15 厘米的亲虾 25~30 千克。

9.2 放幼虾

在当年的 5 月份,每 667 米² 投放规格为 2~3 厘米的幼虾 40~50 千克。

10 生物饵料的培养

10.1 生物饵料的培养

虾种投放前 10 天,每 667 米² 施有机肥 300~500 千克;虾种投放 5~7 天后,每 667 米² 日施发酵的畜禽粪肥水 30~40 千克。

10.2 培肥水质

6 月下旬至 8 月中旬主施有机肥,每半个月每 667 米² 施发酵的有机肥 20~35 千克,水色呈豆绿色或茶褐色为好。

11 饵料的投喂

11.1 饵料种类

动物性饵料:低值小杂鱼、水生昆虫、河蚌肉、螺蛳和动物内脏等;

植物性饲料:新鲜水草、水花生、空心菜、浮萍、麸皮、大麦、小麦、蚕豆、水稻及植物秸秆。

11.2 投饵要求

养殖前期以培育生物饵料为主，中期以植物性饲料为主,后期以动物性饲料为主。一般日投饵量为小龙虾群体重量的 2%~5%,每天投喂 2 次,上午 9~10 点钟投喂 1 次,投放饵料 30%,下午日落前后投喂 1 次,投放饵料 70%。

12 水质管理

按照春秋宜浅、高温季节要满的原则加水调节水质。每隔 15~20 天每 667 米^2 用生石灰 10~15 千克溶水泼洒,调节水质。

13 病害防治

病害防治按 NY 5071—2002 标准执行。

14 捕捞

通常 5 月中下旬就开始用虾篓或地笼捕捞,规格达到 8 厘米以上的小龙虾上市,小于 8 厘米的小龙虾放回水体继续养殖,这样可以一直持续到 10 月底。

附录3 小龙虾稻田养殖
禁用31种渔药

目前在小龙虾稻田养殖中禁止使用的31种渔药有些是水产养殖中的常用药,但是经过实践应用之后,发现这些渔药具有不同程度的毒副作用,具有致使人体致癌、致畸形等潜在危险。

31种禁止使用的渔药名单:氯霉素及其盐酯、己烯雌酚及其盐酯、甲睾丸酮及类似雄性激素、呋喃唑酮(呋喃它酮及呋喃苯烯酸钠)、孔雀石绿、五氯酚酸钠、毒杀芬、林丹、锥虫胂胺、杀虫脒、双甲脒、呋喃丹、酒石酸锑钾、氯化亚汞、硝酸亚汞、醋酸汞、喹乙醇、环丙沙星、红霉素、阿伏霉素、杆菌肽锌、速达肥、呋喃西林、呋喃那斯、磺胺噻唑、磺胺脒、地虫硫磷、六六六、滴滴涕、氟氯氰菊酯、氟氰戊菊酯。

参考文献

[1] 但丽,张世萍,羊茜,朱艳芳.克氏原螯虾食性和摄食活动的研究.湖北农业科学,2007(03):174-177.

[2] 李文杰.值得重视的淡水渔业对象——螯虾.水产养殖,1990(1):19-20.

[3] 陈义.无脊椎动物学.上海:商务印书馆,1956。

[4] 费志良,宋胜磊,等.克氏原螯虾含肉率及蜕皮周期中微量元素分析.水产科学,2005,24(10):8-11.

[5] 舒新亚,叶奕住.淡水螯虾的养殖现状及发展前景.水产科技情报,1989(2):45-46.

[6] 魏青山.武汉地区克氏原螯虾的生物学研究.华中农学院学报,1985,4(1):16-24.

[7] 唐建清,宋胜磊,等.克氏原螯虾对几种人工洞穴的选择性.水产科学,2004,23(5):26-28.

[8] 唐建清,宋胜磊,等.克氏原螯虾种群生长模型及生态参数研究.南京师大学报:自然科学版,2003,26(1):96-100.

[9] 吕佳,宋胜磊,等.克氏原螯虾受精卵发育的温度因子数学模型分析.南京大学学报:自然科学版,2004,40(2):226-231.

[10] 郭晓鸣,朱松泉.克氏原螯虾幼体发育的初步研究.动物学报,1997,43(4):372-381.

[11] 张湘昭,张弘.克氏螯虾的开发前景与养殖技术.中国水产,2001(1):37-38.

[12] 唐建清,等.淡水虾规模养殖关键技术.南京:江苏科学技术出版社,2002.

[13] 舒新亚,龚珞军.小龙虾健康养殖实用技术.北京:中国农业出版社,2006.

[14] 夏爱军.小龙虾养殖技术.北京:中国农业大学出版社,2007.

[15] 占家智,羊茜.施肥养鱼技术.北京:中国农业出版社,2002.

[16] 占家智,羊茜.水产活饵料培育新技术.北京:金盾出版社,2002.

[17] 谢文星,罗继伦.淡水经济虾养殖新技术.中国农业出版社,2001.

[18] 北京市农林办公室等编.北京地区淡水养殖实用技术.北京科学技术出版社,1992.

[19] 凌熙和.淡水健康养殖技术手册.中国农业出版社2001.

[20] Comeaux ML. Histonical development of the crayfish industry in the United States.Freshwater Crayfish,1975,2:609-620.

[21] Sandiff P A.Aquaculture in the west a perspective. Journal of the World Aquaculture Society,1988,19:73-84.

[22] Jay V.huner and J.E.Bar r,R ed Swamp Crayfish. Louisiana Sea Grant College Program.1991.

[23] Longlois T H.Notes on the habits of the crayfish, Cambarus rusticus Girad,in fish ponds in Ohio,Transactions of the American Fisheries Sociery,1935,65:189-192.

[24] Shu xinya,Effect of the Crayfish Procambarus Clarkii on the Survival Cultivated in China,Freshwater Crayfish 1995, (8):528-532.

金盾版图书,科学实用,
通俗易懂,物美价廉,欢迎选购

水产活饵料培育新技术	12.00 元	海洋贝类养殖新技术	11.00 元
引进水产优良品种及养		海水种养技术 500 问	20.00 元
殖技术	14.50 元	海水养殖鱼类疾病防治	15.00 元
无公害水产品高效生产		海蜇增养殖技术	6.50 元
技术	8.50 元	海参海胆增养殖技术	10.00 元
淡水养鱼高产新技术		大黄鱼养殖技术	8.50 元
(第二次修订版)	26.00 元	牙鲆养殖技术	9.00 元
淡水养殖 500 问	23.00 元	黄姑鱼养殖技术	10.00 元
淡水鱼繁殖工培训教材	9.00 元	鲽鳎鱼类养殖技术	9.50 元
淡水鱼苗种培育工培训		海马养殖技术	6.00 元
教材	9.00 元	银鱼移植与捕捞技术	2.50 元
淡水鱼健康高效养殖	13.00 元	鲶形目良种鱼养殖技术	7.00 元
池塘养鱼高产技术(修		鱼病防治技术(第二次	
订本)	3.20 元	修订版)	13.00 元
池塘鱼虾高产养殖技术	8.00 元	黄鳝高效益养殖技术	
池塘养鱼新技术	16.00 元	(修订版)	7.00 元
池塘养鱼实用技术	9.00 元	黄鳝实用养殖技术	7.50 元
池塘养鱼与鱼病防治(修		农家养黄鳝 100 问(第二	
订版)	9.00 元	版)	7.00 元
池塘成鱼养殖工培训		泥鳅养殖技术(修订版)	5.00 元
教材	9.00 元	长薄泥鳅实用养殖技	
盐碱地区养鱼技术	16.00 元	术	6.00 元
流水养鱼技术	5.00 元	农家高效养泥鳅(修	
稻田养鱼虾蟹蛙贝技术	8.50 元	订版)	9.00 元
网箱养鱼与围栏养鱼	7.00 元	泥鳅养殖技术问答	7.00 元
海水网箱养鱼	9.00 元	革胡子鲇养殖技术	4.00 元

淡水白鲳养殖技术	3.30 元	工厂化健康养鳖技术	8.50 元
罗非鱼养殖技术	3.20 元	养龟技术问答	6.00 元
鲈鱼养殖技术	4.00 元	节约型养鳖新技术	6.50 元
鳜鱼养殖技术	4.00 元	观赏龟养殖与鉴赏	9.00 元
鳜鱼实用养殖技术	5.00 元	人工养鳄技术	6.00 元
虹鳟鱼养殖实用技术	4.50 元	鳗鱼养殖技术问答	7.00 元
黄颡鱼实用养殖技术	5.50 元	鳗鳖虾养殖技术	3.20 元
乌鳢实用养殖技术	5.50 元	鳗鳖虾高效益养殖技术	9.50 元
长吻鮠实用养殖技术	4.50 元	淡水珍珠培育技术	5.50 元
团头鲂实用养殖技术	7.00 元	人工育珠技术	10.00 元
翘嘴红鲌实用养殖技术	8.00 元	缢蛏养殖技术	5.50 元
良种鲫鱼养殖技术	10.00 元	牡蛎养殖技术	6.50 元
异育银鲫实用养殖技术	6.00 元	福寿螺实用养殖技术	4.00 元
塘虱鱼养殖技术	8.00 元	水蛭养殖技术	6.00 元
河豚养殖与利用	8.00 元	中国对虾养殖新技术	4.50 元
斑点叉尾鮰实用养殖技术	6.00 元	淡水虾繁育与养殖技术	6.00 元
鲟鱼实用养殖技术	7.50 元	淡水虾实用养殖技术	5.50 元
河蟹养殖技术	3.20 元	海淡水池塘综合养殖技	
河蟹养殖实用技术	4.00 元	术	5.50 元
河蟹科学养殖技术	9.00 元	南美白对虾养殖技术	6.00 元
河蟹增养殖技术	12.50 元	小龙虾养殖技术	8.00 元
养蟹新技术	9.00 元	金鱼锦鲤热带鱼(第二	
养鳖技术	5.00 元	版)	11.00 元
水产品暂养与活体运输		金鱼(修订版)	10.00 元
技术	5.50 元	金鱼养殖技术问答(第	
养龟技术(第 2 版)	15.00 元	2 版)	9.00 元

以上图书由全国各地新华书店经销。凡向本社邮购图书或音像制品,可通过邮局汇款,在汇单"附言"栏填写所购书目,邮购图书均可享受 9 折优惠。购书 30 元(按打折后实款计算)以上的免收邮挂费,购书不足 30 元的按邮局资费标准收取 3 元挂号费,邮寄费由我社承担。邮购地址:北京市丰台区晓月中路 29 号,邮政编码:100072,联系人:金友,电话:(010)83210681、83210682、83219215、83219217(传真)。